世界银行贷款中国经济改革促进与能力加强项目（TCC6）
中国工程建设标准“一带一路”国际化政策研究

中国工程建设标准在“一带一路”相关国家工程应用案例集

住房和城乡建设部标准定额司
中国建筑标准设计研究院有限公司 编著

中国计划出版社
·北　京·

图书在版编目（CIP）数据

中国工程建设标准在“一带一路”相关国家工程应用案例集 / 住房和城乡建设部标准定额司，中国建筑标准设计研究院有限公司编. -- 北京 : 中国计划出版社，2021.7
ISBN 978-7-5182-1322-1

Ⅰ. ①中… Ⅱ. ①住… ②中… Ⅲ. ①建筑工程－国家标准－应用－中国 Ⅳ. ①TU-65

中国版本图书馆CIP数据核字(2021)第153159号

中国工程建设标准在“一带一路”相关国家工程应用案例集
ZHONGGUO GONGCHENG JIANSHE BIAOZHUN ZAI “YIDAIYILU”
XIANGGUAN GUOJIA GONGCHENG YINGYONG ANLIJI

住房和城乡建设部标准定额司
中国建筑标准设计研究院有限公司 编著

责任编辑：赵超霖　　装帧设计：锋尚设计
责任校对：王　巍　　责任印制：李　晨

中国计划出版社出版
网址：www.jhpress.com
地址：北京市西城区木樨地北里甲 11 号国宏大厦 C 座 3 层
邮政编码：100038　电话：（010）63906433（发行部）
新华书店经销
北京汇瑞嘉合文化发展有限公司印刷

880mm × 1230mm　1/16　12.75 印张　238 千字
2021 年 7 月第 1 版　2021 年 7 月第 1 次印刷

ISBN 978-7-5182-1322-1
定价：78.00 元

编写委员会

编著单位

中国建筑标准设计研究院有限公司
中国建筑科学研究院有限公司
中国城市建设研究院有限公司
中国城市规划设计研究院
中国建筑股份有限公司国际工程分公司
中国建筑股份有限公司阿尔及利亚公司
中国建筑股份有限公司斯里兰卡分公司
中国机械设备工程股份有限公司
中国电力建设股份有限公司
中国路桥工程有限责任公司
中国港湾工程有限责任公司
上海建工集团股份有限公司
中国建筑（南洋）发展有限公司
中建中东有限责任公司
中铁二院工程集团有限责任公司
中国铁建国际集团
中土集团南方建设有限公司
中铁十七局集团有限公司
中经东源进出口有限责任公司
中车长春轨道客车股份有限公司
北京建工国际建设工程有限责任公司
北控水务（中国）投资有限公司
广东省建筑科学研究院集团股份有限公司
深圳市地铁集团有限公司
福州大学土木工程学院
福建建工装配式建筑研究院有限公司

前言

2013年9月和10月，中国国家主席习近平先后提出建设“丝绸之路经济带”和“21世纪海上丝绸之路”的合作倡议，即“一带一路”倡议。在“一带一路”倡议下，走向国际市场的中国企业数量不断增长，“一带一路”相关国家和地区的项目新签合同额及完成营业额均呈现稳步增长的态势。站在“两个一百年”奋斗目标的历史交汇点上，新发展阶段和新发展格局对工程建设标准国际化工作提出新命题、新要求。工程建设标准国际化工作通过制定标准国际化政策，在机制创新、标准体系重构、标准国际适应性提升、国际交流和推广加强等方面加快改革步伐，实现高水平发展。坚持问题导向、需求导向和目标导向相结合，以更高的站位、更宽的视野、更准的定位、更实的举措，着力推进工程建设标准国际化水平不断提升。

中国经济改革促进与能力加强项目（TCC6）是财政部承接世界银行的一个伞状技术援助贷款项目，旨在通过一系列子项目的实施，促进经济体制改革的深化，加强机构与人员能力的建设。“中国工程建设标准‘一带一路’国际化政策研究”是TCC6的子项目，案例收集是该子项目的重要工作任务。为使工作成果为更多的中国企业提供实际工作经验分享，我们将收集到的案例进行整理和分析，形成《中国工程建设标准在“一带一路”相关国家工程应用案例集》。本书将是中国工程建设标准国际化政策建议研究的重要依据，对深化中国工程建设标准化改革和推进中国工程建设标准国际化工作具有重要意义。

在案例收集过程中，项目组通过发送案例调研表，与海外项目组人员沟通，获取一手资料和信息。案例收集时间为2019年9月28日至2020年3月31日。本书共收集整理了35个案例，主要涉及房屋建筑、轨道交通和市政工程等工程领域，涵盖了亚洲、非洲、大洋洲、北美洲、南美洲等多个区域，对分析中国工程建设标准海外应用具有一定的代表性。

本案例集章节设置为：第1章“中国工程建设标准海外应用分析”；第2章“房屋建筑领域”；第3章“轨道交通领域”；第4章“市政工程领域”；第5章“其他领域”。其中，第1章总体介绍“一带一路”建设现状、海外工程项目情况、标准应用分析；第2章至第5章为房屋建筑、轨道交通领域、市政工程领域及其他领域的工程案例，介绍了项目采用标准情况以及中国工程建设标准在“一带一路”相关国家项目推广应用的经验与启示。本书聚焦中国工程建设标准应用情况，案例介绍客观而有针对性，希望能对业界同仁有所启发，为从业人员提供借鉴。

限于诸多因素，本书编撰难免有疏漏之处，恳请读者批评指正，多提宝贵意见。感谢案例提供单位的大力支持。

中国工程建设标准“一带一路”国际化政策研究项目组

2021年6月

目录

第1章 中国工程建设标准海外应用分析

第2章 房屋建筑领域

第3章 轨道交通领域

第4章 市政工程领域

第5章 其他领域

第1章 中国工程建设标准海外应用分析

第一节
“一带一路”相关国家基础设施建设现状及需求分析

一、“一带一路”相关国家基础设施建设现状分析

基础设施联通在“一带一路”建设推进过程中发挥着促进地区经济发展和融合的作用，是“一带一路”建设的基础性优先领域，是其他领域发展的重要基础和载体，在“一带一路”建设和发展中发挥着先导性作用。以公路、铁路、港口、航空运输、能源管道等建设为核心的设施联通，能够满足“一带一路”相关国家最为迫切的基础设施建设需要，建立起国家间、区域间更为快捷、便利和安全的贸易通道。

“一带一路”覆盖国家（地区）多，各国（地区）基础设施建设由于政治、经济、历史、文化等原因导致发展不均衡。大部分“一带一路”相关国家为处于内陆的欠发达经济体，基础设施建设的落后严重制约了这些国家的经济和贸易发展，这些国家主要分布在中亚、南亚以及非洲。同时，也不乏存在经济水平发展较高、基础设施建设较为完备的国家，如新加坡、韩国、阿联酋、以色列，以及欧洲的俄罗斯、捷克、希腊等。

根据国家信息中心“一带一路”相关国家设施完备度指标得分情况（见表1-1），项目组总结了“一带一路”相关国家基础设施建设的主要特点。

表1-1 “一带一路”相关国家设施完备度指标得分情况

排名	国家	得分	排名	国家	得分
1	新加坡	6.1	9	卡塔尔	4.5
2	韩国	5.2	10	斯洛文尼亚	4.4
3	爱沙尼亚	5.0	11	立陶宛	4.4
4	新西兰	5.0	12	捷克	4.4
5	阿联酋	4.9	13	拉脱维亚	4.4
6	巴林	4.9	14	乌拉圭	4.2
7	奥地利	4.8	15	希腊	4.1
8	以色列	4.7	16	克罗地亚	4.1

续表

排名	国家	得分	排名	国家	得分
17	斯洛伐克	4.1	53	佛得角	2.9
18	俄罗斯	4.0	54	委内瑞拉	2.8
19	马来西亚	4.0	55	多米尼克	2.8
20	匈牙利	3.9	56	阿尔及利亚	2.8
21	保加利亚	3.9	57	印度尼西亚	2.7
22	波兰	3.9	58	埃及	2.7
23	文莱	3.9	59	不丹	2.6
24	哥斯达黎加	3.9	60	斯里兰卡	2.5
25	沙特阿拉伯	3.8	61	纳米比亚	2.5
26	特立尼达和多巴哥	3.8	62	加纳	2.4
27	黑山	3.8	63	印度	2.4
28	哈萨克斯坦	3.7	64	肯尼亚	2.2
29	阿塞拜疆	3.7	65	柬埔寨	2.2
30	黎巴嫩	3.7	66	塔吉克斯坦	2.2
31	塞尔维亚	3.7	67	老挝	2.1
32	罗马尼亚	3.6	68	尼泊尔	2.0
33	阿曼	3.6	69	卢旺达	2.0
34	约旦	3.5	70	津巴布韦	1.9
35	土耳其	3.5	71	孟加拉国	1.9
36	摩尔多瓦	3.5	72	塞内加尔	1.9
37	泰国	3.5	73	冈比亚	1.9
38	波黑	3.3	74	乌干达	1.8
39	阿尔巴尼亚	3.3	75	赞比亚	1.8
40	格鲁吉亚	3.3	76	喀麦隆	1.8
41	科威特	3.3	77	巴基斯坦	1.7
42	亚美尼亚	3.3	78	莫桑比克	1.6
43	伊朗	3.2	79	埃塞俄比亚	1.6
44	塞舌尔	3.2	80	塞拉利昂	1.5
45	乌克兰	3.1	81	坦桑尼亚	1.5
46	南非	3.0	82	也门	1.5
47	巴拿马	3.0	83	尼日利亚	1.5
48	突尼斯	3.0	84	毛里塔尼亚	1.5
49	越南	3.0	85	马达加斯加	1.4
50	菲律宾	2.9	86	布隆迪	1.4
51	蒙古国	2.9	87	几内亚	1.4
52	摩洛哥	2.9	88	乍得	1.1

（一）东盟国家基础设施建设不均衡

从表1–1中数据可以看出，在东南亚国家联盟（以下简称东盟）的成员中，新加坡基础设施建设最为完善，马来西亚、文莱、泰国情况较好，菲律宾、印度尼西亚、柬埔寨、老挝等国的基础设施建设较为落后。

除新加坡的铁路交通以地铁为主以外，东盟不少国家都存在铁路运输能力低下、设施陈旧的情况，因而公路交通成为境内较为普遍的交通方式；老挝的境内交通以公路运输为主；印度尼西亚公路客运量、货运量分别占全国总量的90%和50%；马来西亚、泰国都拥有良好的公路网。但目前一些东盟国家的公路建设仍存在缺口，公路密度与人口密度不匹配，以菲律宾和越南尤为突出。

东盟国家在水、电和通信设施上还存在薄弱环节。印度尼西亚、柬埔寨、缅甸、菲律宾的电力工业相对落后，通电率较低，除文莱、印度尼西亚、缅甸、马来西亚和越南外，东盟其余国家均为能源净进口国。另外，东盟国家还存在不能获得安全和干净的水源问题，且柬埔寨、老挝、缅甸等国的通信基础设施仍落后。

（二）非洲国家基础设施建设亟待提升

从表1–1中数据可以看出，由于经济基础和发展水平落后，多数非洲国家基础设施完备指数在2以下，说明这些国家基础设施建设非常薄弱，亟待提升。据世界银行数据，撒哈拉以南非洲地区每千平方公里的公路密度仅为204km，其中只有25%为铺面道路，远低于944km的世界平均水平，整个非洲农村只有约三分之一人口居住的地区有条件接入公路。交通基础设施落后的状况使非洲面临比其他发展中国家更高的运输成本，据统计，非洲的公路运输费用是其他地区的4倍，由此导致非洲各国城市、地区之间互联互通程度较低，严重制约着非洲内部贸易发展。

据非洲开发银行数据，非洲只有65%的人口可以使用干净的水源，非洲大陆整体通电人口不足40%，在农村地区则更低，平均仅为12%。因此非洲用电成本是其他地区的2~3倍，手机服务价格也是其他地区平均水平的1.5倍。在非洲，只有不到40%的人口具有使用先进医疗设施的条件，互联网普及程度只有8%，远低于世界平均水平，固定电话的普及程度则更低。

按照目前非洲基础设施建设情况看，这些国家要在一定时期内实现大幅提升设施完备度有较大困难。随着“一带一路”建设的不断推进，未来中非合作潜力无限，这在很大程度上将改善非洲地区的基础设施建设情况。

（三）中东欧国家基础设施建设完备，仍具发展空间

从表1-1中数据可知，俄罗斯、塞尔维亚、保加利亚、罗马尼亚、匈牙利、捷克、斯洛文尼亚、爱沙尼亚、立陶宛、黑山等中东欧国家基础设施建设情况较为完备，排名比较靠前，但是由于设施老化等问题，这些国家仍具有较大的发展空间。

中东欧国家基础设施老化严重，交通系统落后，电力和电信系统也较为落后。根据世界银行统计，中东欧国家每百人固定宽带互联网用户平均约为18人，约为英国和德国的一半，在欧洲地区宽带网络覆盖率仍然偏低；同时，中东欧国家在公路、铁路建设方面相对滞后，路网不发达。2013年，中东欧16国铁路总长度约71 000km，相当于法国和德国两个国家铁路长度的总和，相当于中国铁路总长度的70%，约为美国铁路总长度的三分之一。为了提振经济，近年来中东欧国家在基础设施方面加大了改造力度，在公路、桥梁、铁路、机场、光缆传输等领域实施更新升级，旨在使基础设施建设重焕光彩。

二、“一带一路”相关国家基础设施建设需求趋势

（一）整体情况

基础设施建设需求与经济增长有直接的关系。经济增长明显提速时，基础设施的投资也会大幅度增长。联合国《2019年贸易和发展报告》显示，2019年全球经济增长率从2018年的3%降至2.3%，全球经济活动有所放缓，各国经济增长分化加剧，许多国家的基础设施投资增长速度也有所放缓。

根据中国对外承包工程商会发布的2019年《“一带一路”国家基础设施发展指数报告》，2019年“一带一路”国家基础设施发展需求指数为130，较2018年的132略有下降。虽然指数略有下降，但“一带一路”国家有着丰富的矿产、能源、旅游资源，同时其基础设施发展水平普遍较低，既无法满足人们的生活需要，也无法为经济发展提供足够的动力和支持，故未来仍有较大的发展潜力。

（二）区域情况

根据2019年《“一带一路”国家基础设施发展指数报告》中各区域发展需求指数变化情况（见表1-2），除南亚外，2019年各区域发展需求指数均有下降，其中东南亚发展需求指数降幅最大，同比下降3%。虽然需求指数普遍呈下降趋势，但区域指数排名保持稳定，排名前三的地区分别是：独联体国家和蒙古国、葡语国家、南亚。中亚发展需求指数得分超越东南亚，排名上升一位。西亚北非、中东欧发展需求指数得分排名较靠后。

表1-2 各区域发展需求指数变化情况

区域	2019年发展需求指数	2019年排名	2018年发展需求指数	2018年排名
独联体国家和蒙古国	163	1	166	1
葡语国家	149	2	151	2
南亚	137	3	137	3
中亚	131	4	132	5
东南亚	128	5	132	4
西亚北非	110	6	112	6
中东欧	104	7	107	7

1．独联体国家和蒙古国领跑发展需求指数

2019年独联体国家和蒙古国发展需求指数为163，较2018年的166略有下降，但仍在七大区域中排名第一。俄罗斯和蒙古国等区域大国在基础设施投资建设方面的庞大需求对本区域发展需求指数保持较高水平发挥了重要作用。

2．中东欧发展需求指数存在较大上升空间

2019年中东欧地区发展需求指数为104，较2018年的107略有下降。与其他地区国家间基础设施行业需求差异显著、大国主导地区需求指数走势等特点不同，中东欧地区国家间发展需求异质性较小，得分普遍在105上下浮动，同时行业间发展需求指数得分差异也较小，水务行业和能源行业发展需求指数得分最高为110，通信行业发展需求指数得分最高为103。

3．东南亚发展需求指数降幅最大

2019年东南亚地区发展需求指数为128，较2018年下降4分，是七大区域中发展需求指数下降最多的地区。能源行业需求下降幅度较大，指数由2018年的145降至2019年的138，成为拉低东南亚地区发展需求指数得分的关键因素。尽管下降明显，但能源行业发展需求指数得分依然相对处于较高水平，短期仍将是重点发展行业。

（三）行业情况

交通行业是促进“一带一路”建设的重要内容，也是助推区域互联互通和国际基础设施发展的主要动力来源。根据国际商业观察（Business Monitor International，BMI）统计的全球基建项目数据，2018年“一带一路”国家交通行业新签合同额占比在交通行业、能源行业、通信行业、水务行业四个行业中最高，交通行业中道路和桥梁新签合同额占比47.5%。“一带一路”国家大多属于中等收入国家，交通基础设施建设空间和需求较大。从未来发展趋势看，受相关国家工业化和城市化进程加快的拉动，交通基础设施的建设需求将得到进一步释放，相关公路、铁路、港口、机场等基础设施互联互通项目将为国际基础设施建设发展注入更强动力。

以电力基础设施建设为核心的能源行业同样为促进国际基础设施发展发挥了重要作用。各国工业、商业和居民用电的增加以及电气化建设水平的升级，有效激发了“一带一路”相关国家能源建设需求。同时，随着可持续发展理念在基础设施建设领域的落实，绿色发展、绿色基建的理念得到了国际社会的广泛认同，各国对风能、太阳能、核能等清洁能源的关注度不断提高。

建筑领域业务发展较为稳定，已连续多年保持增长。企业在境外参与大型公共建筑、新城建设等综合类、复杂程度较高的项目建设逐年增多。我国企业在境外承接房建业务以总承包、传统承包为主。随着发展中国家城市化、工业化进程的不断推进以及改善民生的刚性要求，国际房屋建筑市场需求将持续增长，我国企业依托丰富的国内业绩和实施经验，以及一定的成本、工期和质量优势，也面临着诸多的发展机遇。

第二节
中国对外承包工程及项目情况

一、中国对外承包工程情况

近年来，中国对外承包工程业务发展迅猛，规模日益扩大，国际竞争力显著提高。根据商务部的数据统计，2010—2019年，中国对外承包工程完成营业额及新签合同额均呈稳步上升趋势，业务规模快速扩大。具体情况见图1-1。

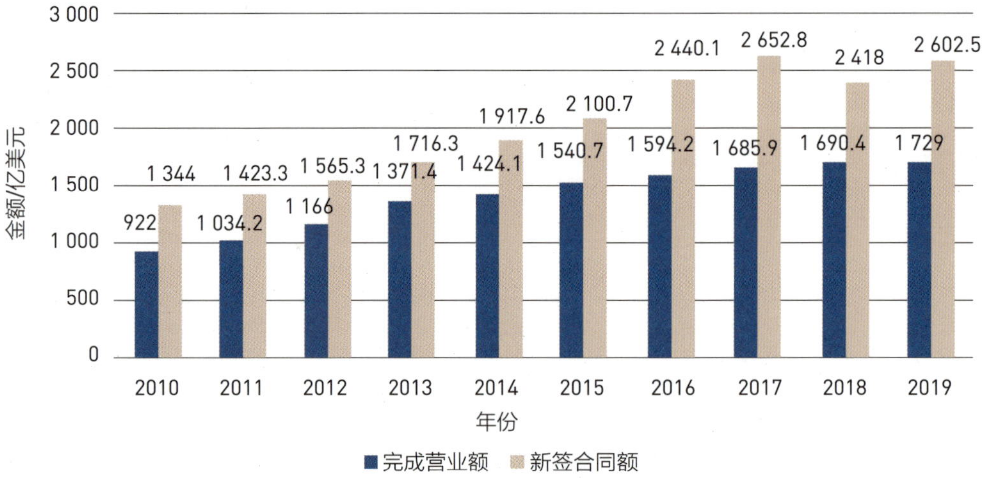

图1-1　2010—2019年中国对外承包工程业务总体情况

随着国内和国际社会对共建"一带一路"倡议关注度的不断提升，共建"一带一路"成为各国与中国开展双多边合作的重点。对外承包工程企业作为共建"一带一路"倡议的重要参与力量，在沿线国家业务持续发展。自2013年"一带一路"倡议提出以来，中国对外承包工程企业在"一带一路"沿线国家的项目新签合同额及完成营业额均实现稳步增长。2013—2019年，中国对外承包工程企业在"一带一路"沿线国家经营情况见图1-2。

中国承包商在全球工程承包市场中占据重要地位。在2019年度美国《工程新闻纪录（ENR）》"全球最大250家国际承包商"排名统计中，全球前250名国际承包商海

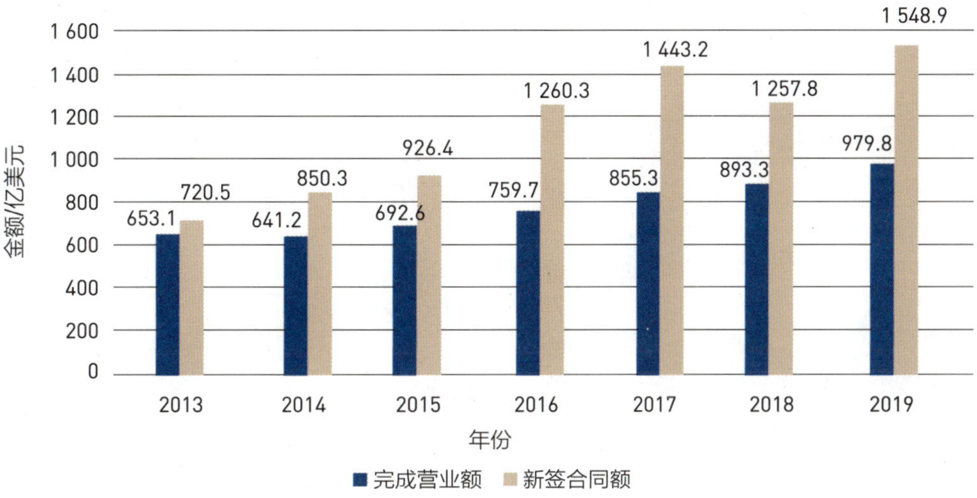

图1-2　2013—2019年中国在“一带一路”相关国家对外承包工程情况

外营业收入总计达到4 872.9亿美元。其中，中国承包商阵营占据了最大的市场份额，达到24.4%，约占全球海外营业收入总额的四分之一，大幅领先身后的西班牙承包商（14.1%）、法国承包商（8.7%）、德国承包商（6.5%）、韩国承包商（6%）、土耳其承包商（4.6%）和日本（4%）承包商。

二、中国对外承包工程项目情况

项目建设是推进中国对外工程承包、海外经营以及“一带一路”工作的重要抓手。随着“一带一路”倡议的深入，很多对外承包工程的中国企业确立了“海外优先”的发展战略，大力完善治理结构、调整业务布局、优化资源配置，不断增强综合竞争力。越来越多的企业在夯实传统带资承包（EPC+F）项目的同时，积极探索以建造—运营—移交（BOT）、政府和社会资本合作（PPP）等方式参与项目，取得较好成效。根据商务部数据统计，自2015年以来，中国对外承包工程企业在“一带一路”沿线国家（地区）新签约项目总数已经超过34 000个。

商务部和中国对外承包工程商会联合发布的《中国对外承包工程发展报告》显示，中国对外承包项目主要集中在交通运输建设、一般建筑和电力工程建设领域。中国对外承包项目新签合同额各专业领域占比、完成营业额各专业领域占比如图1–3、图1–4所示。

在交通运输建设领域方面，铁路（含普通铁路、高速铁路、地铁、轻轨及相关公共交通枢纽等）业务是合作重点和亮点。亚吉铁路、蒙内铁路目前已成为“一带一路”建

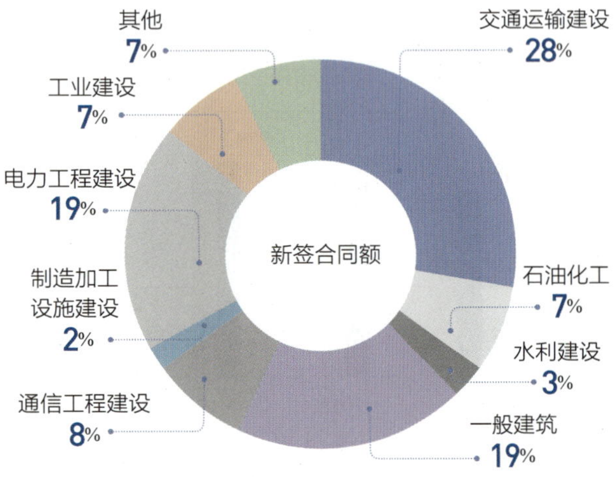

图1-3 中国对外承包项目新签合同额各专业领域占比

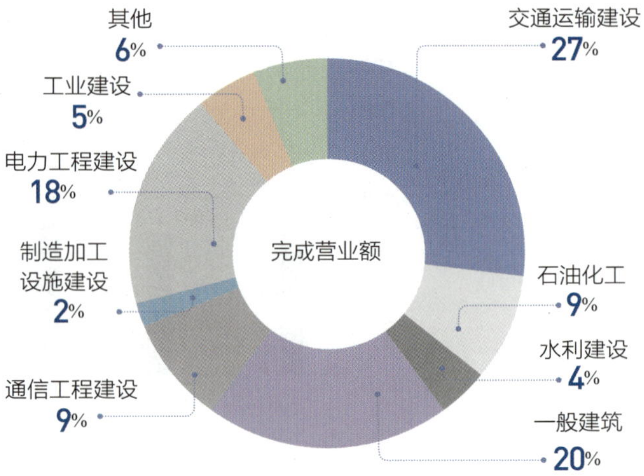

图1-4 中国对外承包项目完成营业额各专业领域占比

设的标志性工程，此外还包括尼日利亚铁路、伊朗高铁以及大力推进的内马铁路一期、中老铁路、以色列特拉维夫轻轨、雅万高铁、阿根廷圣马丁铁路改造等项目。

在一般建筑领域方面，包括商用建筑、住宅、教育设施、政府办公设施、体育设施、酒店汽车旅馆和会展中心、卫生保健机构以及其他如宗教和文化设施、游乐场所及主题公园等在内的项目均是中国企业海外承揽的重点，典型项目包括巴基斯坦巴中友谊中心、安哥拉KK社会住房、中刚非洲银行股份有限公司新大楼项目等。

在电力工程建设领域，中国企业主要承揽的项目包括火电厂、水电站、太阳能发电站、风力发电站、核电站建设以及输变电工程、电站运营维护等。迪拜太阳能发电园区第四期700MW光热电站项目是全球最大的光热发电项目，此外还包括孟加拉国达卡地区电网系统扩容和升级、越南南定一期燃煤电站、老挝诺顿—色诺—孟平115kV输变电项目、埃塞俄比亚特克泽（Tekeze）水电站等。

重点地区和重点国别市场的大型项目是对外承包工程业务稳健发展的重要支撑。根据中国对外承包工程商会统计，对外承包工程在各地区市场业务份额每年虽有波动，但总体保持稳定，其中亚洲是中国对外承包工程的最大市场，其后分别是非洲、拉丁美洲、欧洲、大洋洲、北美洲。重点国别市场的格局也较为稳定，尼日利亚、印度尼西亚、马来西亚、沙特阿拉伯等国长期以来一直是中国对外承包工程项目所在的重要国别市场。中国对外承包工程项目各地区新签合同额占比与完成营业额占比见图1–5、图1–6。

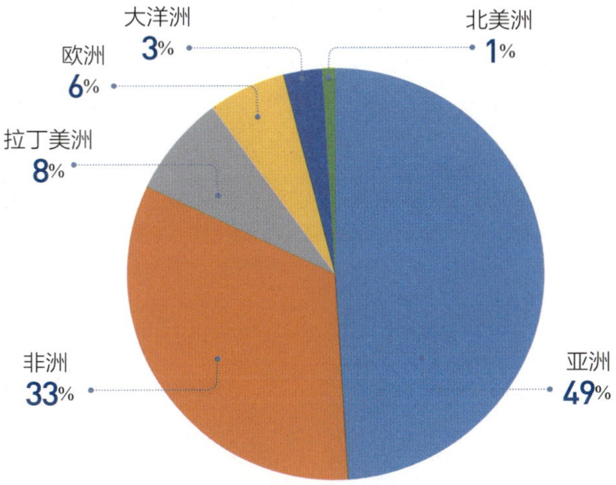

图1-5　中国对外承包工程项目各地区新签合同额占比

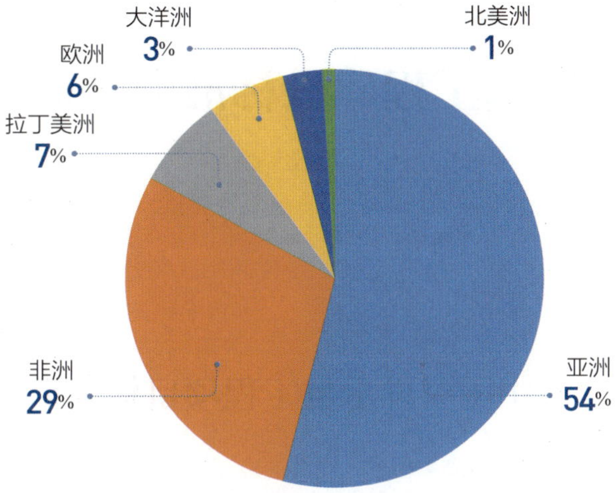

图1-6　中国对外承包工程项目各地区完成营业额占比

第三节
中国工程建设标准海外应用情况

一、中国对外承包工程项目标准采用情况

（一）中国标准采用情况

在房屋建筑、轨道交通、市政工程三大领域的海外项目中，使用中国标准的工程项目占比33%。其中，房屋建筑领域海外工程项目采用中国标准比例最高，占比45%；城市轨道交通领域中采用中国标准的占比33%；市政基础设施领域采用中国标准的占比20%。

（二）国外标准采用情况

除中国标准和东道国标准外，中国对外承包工程项目应用最多的国外标准依次是美国标准（占比34.8%）、英国标准（占比28.4%）和欧洲标准（占比13.3%）。此外，法国标准在法属殖民地国家、地区应用最多，俄罗斯标准在中亚国家也有很大影响力，具体情况见表1-3。

表1-3　中国对外承包工程项目中国外标准使用情况

国际标准	美标	英标	欧标	俄标	德标	法标	其他	总计
项目数量	92	75	35	14	8	7	33	264
占比情况/%	34.8	28.4	13.3	5.3	3	2.7	12.5	100

二、中国标准在相关地区和国家应用的情况

（一）东南亚

东南亚国家基础设施建设水平不均衡。其中，新加坡、马来西亚基础设施建设较为完备，其余各国都明显存在基础设施发展尚不完善或陈旧老化的现象。由于庞大的人口

基数、快速发展的经济实力和相对有利的基建环境，东南亚地区基础设施建设需求持续保持旺盛，在能源、交通等领域的投资建设市场空间巨大。

东南亚各国工程建设标准化发展水平差异较大。有的国家法律健全、国际化程度高、技术标准先进、与国际标准一致性强，便于贸易与交流；有的国家工业化水平较低，基础设施相关的技术标准不足。东南亚国家中，新加坡、马来西亚两国工程建设法律法规体系完善，在工程建设标准选用上除本国标准外，比较认可英国标准；越南、印度尼西亚两国正处于完善工程法律法规体系阶段，在标准的选取上没有严格的限制，可以使用高于本地标准的国外标准；柬埔寨、缅甸、老挝的建筑和基础设施相关技术标准有待提升，大多使用英国标准、美国标准。中国标准主要依托中国援建的项目或中资企业投资的工程逐步推广和应用。

（二）南亚

南亚国家公路、铁路、航空、港口、桥梁、供水供电及城市建设的缺口都较大，该地区基础设施建设整体水平低于世界平均水平。基础设施建设与快速增长的人民生产生活需求之间存在很大的供需缺口，工程市场需求较大。城市基础设施建设及其背后承载的公共产品服务，正成为南亚地区经济社会发展的制约瓶颈，迫切需要解决。斯里兰卡、尼泊尔、不丹、马尔代夫等国近年因旅游业的兴起与发展，对电力能源及交通运输等基础设施的需求也不断加大。

南亚地区标准的制定主要由属于政府单位的标准化机构主导制定，鼓励利益相关者如行业协会、科研院校、企业等参与，但尚无如欧美发达国家的行业组织和非官方机构组织主导制定标准。同时相应的认证、检测服务也由国家标准管理机构及实验室完成，市场化程度较低。

总体来看，中国标准在南亚地区的应用基本上局限于中国援建及优惠贷款项目。南亚各地区工程设计领域受英国影响较大，普遍使用英国标准，当地建筑、供电、给排水、消防等部门均长期采用英国标准。

（三）西亚

西亚地区石油资源丰富，资金充足，大多数国家基础设施建设水平较为完善。沙特阿拉伯、阿联酋、卡塔尔、以色列等国家基础设施建设水平均位于世界前列。西亚基础设施建设市场潜力巨大。短期来看，该地区多国的经济、财政受国际原油价格等诸多不确定因素影响，工程招标项目数量和金额逐渐递减；但长期来看，受益于沙特阿拉伯、阿联酋等国家经济多元化发展规划，相关领域建设将进一步加速，其基础设施投资项目数量有望继续增长。

西亚地区各国由于经济发展水平不同，标准化水平也各不相同。以色列和沙特阿拉伯经济发达，工程建设市场非常成熟，两个国家均具备科学、完善的标准体系。伊朗标准化体系尚不完善，尤其在工程行业中暂无完整统一的规范体系，自有规范较少且不完善，不同的工程行业都有自己的技术标准和规范，常需借鉴他国相关标准。

欧美标准在西亚地区占据主流地位。西亚部分国家在原欧美标准基础上，结合本国特殊地理和气候条件进行了有针对性的调整，形成了具有本国特色的工程建设规范，中国标准在该地区工程项目建设中很难得到应用和推广。以色列自身有一套严谨先进的标准体系，基本不采用其他标准。阿联酋、沙特阿拉伯虽然一直是中国企业对外承包工程重要的海外市场，但这两国的工程项目都是以英标和美标为主导，以欧标及当地标准为辅助，很难推广中国标准，只有少数专利技术和产品采用了中国标准。

（四）中亚

中亚地域辽阔，自然资源丰富，但基础设施建设基本上仍停留在苏联时期的水平，已成为经济发展的重要障碍，改善基础设施是所有中亚国家面临的重要任务。中亚五国都是内陆国家，地理条件复杂，山脉、沙漠纵横其间，水运和航空运输很少，铁路公路运输是交通运输主力。五国中，哈萨克斯坦交通运输基础设施总体上相对完备，乌兹别克斯坦公路建设较领先。总体而言，中亚五国交通基础设施均欠发达，这是制约中亚各国经济发展的关键因素。中亚国家在交通基础设施方面的需求也最为强烈，纷纷制定了本国交通设施发展规划，如《哈萨克斯坦至2020年发展战略规划》《塔吉克斯坦至2025年国家交通设施发展专项规划》等。

中亚五国的标准体系深受俄罗斯的影响。多数国家自身并无完整的技术标准体系，均有对现有标准体系进行升级改造的意愿。

中亚地区采用中国标准的项目大多为中国援建的项目。近年来，中国标准已经在当地多个项目应用，并取得了较好的效果，为中国企业走出去奠定了良好的基础。非援建项目多采用俄罗斯标准。总体上看，中国企业目前在中亚五国的工程建设项目并不多，但有较大的发展空间。

（五）非洲

非洲各个国家的发展状况有较大差异，基础设施整体仍薄弱。由于运输和能源两大关键基础设施的发展停滞不前，非洲国家与发达经济体和亚洲发展中国家的差距正在加大。交通基础设施落后使非洲负担着比其他发展中国家更高的运输成本，由此导致非洲各国城市、地区之间互联互通程度较低，严重制约着非洲内部贸易发展。此外，由于缺乏资金投入，大多数非洲国家并未消除与其他国家基础设施建设的差距。

由于历史原因，非洲很多国家延续原殖民地宗主国的法规体系，自身并无完整的技术标准体系。

英国标准主要使用国家有：尼日利亚、塞拉利昂、利比里亚、喀麦隆、南非、加纳、冈比亚、埃塞俄比亚、厄立特里亚、莱索托、津巴布韦、马拉维、肯尼亚、塞舌尔、毛里求斯等。

法国标准主要使用国家有：科特迪瓦、乍得、卢旺达、中非共和国、多哥、加蓬、几内亚、马里、布基纳法索、刚果（金）、喀麦隆、刚果（布）、贝宁、尼日尔、布隆迪、塞内加尔、吉布提、马达加斯加、海地、阿尔及利亚、毛里塔尼亚、摩洛哥等。

较为特殊的是埃塞俄比亚，该国对工程建设标准的应用无路径依赖，工程建设标准体系几乎空白，其标准的采用呈现多元性和融合性。

由于非洲标准化发展水平相对较低，加上中国与非洲多国具有良好的政治经济合作关系，因此非洲地区对采用中国标准持开放态度。

（六）独联体国家和中东欧国家

俄罗斯等独联体国家和塞尔维亚、保加利亚、罗马尼亚、匈牙利、捷克、斯洛文尼亚、爱沙尼亚、立陶宛等中东欧国家基础设施建设情况较为完备。但是，与基础设施发达的国家相比，中东欧国家仍存在差距。由于设施老化的问题，大多数中东欧国家铁路、公路、港口等交通设施都面临改造更新问题，各国希望通过加快公路建设，特别是加强跨国公路及区际公路建设的区域合作，加强铁路网络建设，以提高各个国家及整个区域的外资吸引力。由于区域内各国基础设施建设已经较为完善，独联体及中东欧国家在基础设施需求方面较其他区域相对较低。

中东欧大部分国家的标准曾经受西欧诸国与苏联的交替影响。随着中东欧众多国家加入欧盟，这些国家的标准受欧盟标准的影响越来越明显。

在中东欧地区的中国工程项目基本上都采用欧洲标准。如援白俄罗斯学生公寓楼项目，虽然设计和施工均以中国标准为主，但必须考虑当地的强制性规定，例如防排烟系统、弱电系统都与中国的标准差别较大，业主很难接受按照中国标准进行设计。

独联体各国标准大部分由苏联标准转化而来，还有少部分标准经国际标准修改后转化。随着经济发展，中东欧和独联体国家与欧洲、中国、美国等经济体深入融合，各国的标准体系也随之逐渐调整，标准的转化速度加快，标准使用的限制也逐渐放开。

三、中国标准在相关地区和国家应用面临的问题

由于历史、文化等原因，我国工程建设标准国际化面临诸多困难、存在许多问题，突出表现为中国标准在海外工程建设市场的认可度、使用率均较低。基于对典型案例的调研分析，我们对中国工程建设标准国际化面临的问题进行了总结，具体见表1–4。

表1-4　中国工程建设标准国际化问题一览表

主要问题	具体表现
1. 中国标准的国际认可度与影响力低，国际化推广应用有待提高	（1）企业缺乏推广中国标准海外应用的能力； （2）缺乏有影响力的人才从事相关工作； （3）企业推广中国标准意识不强，缺乏积极性； （4）对于成功推广应用中国标准的企业，缺乏资金、项目招投标条件等方面的政策倾斜，无法充分调动其积极性
2. 中国工程建设标准国际化研究的系统性、深入性、持续性不足	（1）对标准基础性研究和服务工作的重要性认识程度不高，经费支持不足，也缺乏必要的政策鼓励； （2）中外标准体系差异较大、中外标准的要素构成、编制思路、技术参数、体例格式等差异较大； （3）标准外文版的权威性不足，主要领域的外文版体系还不完整； （4）标准外文版的更新不及时
3. 中国设计和工程咨询企业在项目前期主导使用中国标准的能力弱	（1）缺少懂标准、懂技术、懂国际工程管理、外语能力强的复合型高端人才； （2）缺乏专业的工程建设标准国际化服务机构，运用现代化技术手段推进交流合作、信息共享、咨询服务等工作亟待加强； （3）标准实施应用时，中外工程项目管理模式及节点不一致，在国际工程中使用中国标准，对接的工作量过大； （4）配套产品和设备的标准及企业品牌影响力不够
4. 信息渠道不通畅	（1）外文版标准信息渠道不通畅； （2）企业复合型人才库信息系统尚未建立； （3）相关研究成果未共享

四、推广中国标准在海外项目应用的建议

（一）推广中国标准应主动作为

各国政治、经济、历史文化环境千差万别，开放程度和法律的完善程度各不相同，由于历史原因以及欧美国家在经济、文化上的影响力，“一带一路”相关国家（地区）相当多的领域仍以欧美标准为主导。此外，中外标准存在差异，中国标准容易被项目所在国质疑，在没有见到实际质量与效果的情况下，对方没有充分的理由使用中国标准。

因此推广中国标准的一条重要途径就是积极主动通过各类方法向对方介绍中国标准，使其了解中国标准。

（二）充分利用合同规定推广中国标准

国际工程项目往往在招投标阶段直接确定了项目采用的合同范本和工程建设标准体系，其中项目合同经常采用国际上最广泛使用的国际咨询工程师联合会菲迪克（FIDIC）合同范本，项目设计和施工则主要采用欧标、美标、国际通用的行业手册以及部分当地标准。由于中国企业习惯于使用国内标准，对于国际标准和当地标准的熟悉程度不高，因此可以在合同谈判中争取业主同意全部使用或部分使用中国标准。

（三）根据项目所在国标准化水平的不同，采用不同的合作方式

中国企业在标准体系比较成熟和完善的国家承包项目的前提是遵守其体系和标准。中国标准国际化第一步主要聚焦于中国周边标准体系有待完善、技术水平有待提升的国家，即以东南亚、中亚、西亚、南亚、非洲等发展中国家为重点。这些国家也是中国企业走出去的重要市场，更容易接受和采用中国标准。

（四）以中国设计国际化带动中国施工技术、材料等标准国际化

在项目设计阶段推广使用中国标准，对中国标准国际化有着重要的作用，可以助力施工技术标准、材料标准的推广应用。采用中国标准进行设计，项目所需的钢材、机械设备、电气设备、施工机具等绝大多数可以从国内出口，有效地带动中国建筑材料和设备的国际化。

（五）独特、领先的技术优势是中国标准海外推广应用的基础和保障

以桥梁为例，在过去的20多年里，随着经济的蓬勃发展，中国建造了一大批桥梁，尤其是大跨径桥梁，这方面中国已经走在了世界的前列，拥有丰富的设计、施工经验。中国公路桥梁规范也随着桥梁建设事业的蓬勃发展而取得了长足的进步。当前中国的公路桥梁规范品类完备、涉及面广泛且科学实用，能够满足绝大多数桥梁设计、施工的要求。采用中国标准编制的马普托大桥设计文件，结构设计安全性通过了欧洲监理和业主先后聘请的多家知名国际咨询公司的层层审核并最终获得批复，有效证明了中国标准的科学性、合理性和实用性，向世界展示了中国智慧。

第2章

房屋建筑领域

案例1 阿尔及利亚阿尔及尔国际会议中心项目

一、基本信息

1 项目名称

阿尔及利亚阿尔及尔国际会议中心

2 项目所在地

阿尔及利亚阿尔及尔松树俱乐部

3 项目所在领域

房屋建筑

4 项目规模

建筑面积23万m^2

5 项目起止时间

2010年7月24日—2016年9月5日

6 结构类型

混凝土框架结构

7 建设方

总理府国家公寓管理局

（EPIC Résidenced’EtatduSahel）

8 咨询单位

意大利Fabris & Partners设计事务所

9 设计单位

意大利Fabris & Partners设计事务所

10 总承包单位

中国建筑股份有限公司阿尔及利亚公司

二、项目概况

阿尔及尔国际会议中心工程（简称CIC）地处地中海畔的北非阿尔及利亚人民民主共和国首都阿尔及尔国家宫，与法国、意大利隔海遥望。项目占地面积约为27万m^2，建筑面积23万m^2，CIC工程由16个区块组成，包括可容纳6 000人的大会议报告厅、容纳600人的多功能会议厅、6个容纳300人的委员厅、会议代表厅、1.5万m^2的展览厅、容纳2 000人的宴会厅、国家总统使用的会议室、总统套间、国家贵宾套房、服务楼、医疗中心、消防站等，可同时供2万人召开会议。项目结构由钢筋混凝土框架及大跨度钢结构组成，地下1层，地上3~4层，内部装饰风格为伊斯兰摩尔式和现代风格相结合，机电系统复杂、功能先进。

CIC项目由政府投资，国际公开选择性咨询后议标，采用法国公共合同行政条款，设计—建造（DB）模式，无税合同额累计9.24亿美元。合同范围包括深化设计、工地安置、结构、装修、机电、室外道路、园林绿化、家具、织物、室内外标识、车辆、运营人员培训等交钥匙工程内容。本项目由意大利的Fabris & Partners公司设计、监理，工程主要采用法国及欧洲标准，中国建筑股份有限公司阿尔及利亚公司作为工程总承包商接力建筑、结构、机电、装饰等专业深化设计、采购及施工任务。本项目于2016年9月5日竣工验收，项目顺利履约并获得2018年度中国建设工程鲁班奖（境外工程），项目完工实景见图2-1-1。

三、项目合同中的规定

合同要求项目遵守阿尔及利亚合同管理技术条款和建筑技术条例相关规范，以法国标准或欧盟标准作为补充，地震区域的钢筋混凝土建筑则参照意大利相关标准。建筑材料、产品和部件应符合合同规定和阿尔及利亚标准的规定，如果没有，则执行与之相当的法国标准。对于进口的建筑材料、产品和部件，监理可接受与上述标准的规定不同的细节，但监理将明确其验收条件。对于非欧共体产品或非传统部件、组件，必须由欧洲机构认可的认证机构或实验室出具相应技术许可证。认证机构或实验室由承包商选择，由监理批准。项目实施过程中，报审的工程材料及设备基本上都要求通过法国认证（NF）或欧盟认证（CE）。对非关键材料，若其技术性能指标满足招标文件专用技术条款（CCTP）要求时，监理也认可具有中国合格评定国家认可委员会（CNAS）标识的检测报告。

图2-1-1　阿尔及尔国际会议中心实景

验收方面，当项目获得运营的全部行政许可证和必要的合格证书（电气设备合格和饮用水管网消毒合格证明），且预验收时提出的所有保留意见全部消项后，承包商应以有回执的挂号信形式通知监理，明确工程已竣工并处于待验收状态。监理最迟应在收到承包商要求后20天内开始临验。临验报告由监理起草，监理和承包商签字后报送业主签字，业主应在收到临验报告45天内将最终决定通知承包商。如果临验附有保留意见，承包商应在业主规定的期限内完成整改，若未明确整改限期则须在验收之日起1个月内完成整改。如未在限期内完成整改，业主可委托他人施工，由承包商承担费用和风险。在重新检查后，如能证实第一次检查时列出的所有保留意见都已经考虑并进行了修复，才可以宣布临验通过。对于暖通空调项，如果某些规定的运行试验因大气条件没能在验收之日完成的话，应宣布验收，但附保留意见；只有在运行1年之后，对供暖、空调设备的性能进行检查后，才能消除这些保留意见。临验通过后，由承包商把竣工的整个项目移交给业主（交钥匙）。工程运营前3个月或工程临验前4个月，承包商将在3个月内为业主培训机电设备的使用及操作人员。在临验前2个月，承包商应提供一份3年期的机电工程维护合同方案。保修期为1年，从临验生效之日起算。从工程临验通过起算的12个月后且工程圆满完工后进行终验。10年责任险担保期从终验之日起开始计算。

四、项目实施过程与中国工程的差异

CIC项目由意大利设计院按照欧洲标准设计与监理，结构、建筑节能、机电系统（含消防）设计计算均按照欧洲标准进行，装修及机电大部分工程材料设备也要求采用符合欧洲标准的产品。工程实施具备“高、大、难”的主要特点：高级别、高标准、高技术含量；项目规模大、空间大、构件大；深化设计难、采购难、资源管理难。项目实景见图2-1-2、图2-1-3。

与中国施工总承包技术管理不同，海外工程技术不仅包括传统的施工技术，还包括深化设计技术，后者对中国承包商而言更为重要。工程承包的难点已不在于中国承包商占据优势的施工技术方法，而是来自材料、设备、设计计算参数等技术标准的制约。该交钥匙工程设计与采购工作的好坏对项目效益影响巨大，在项目实施中，项目设计技术团队把原设计的预应力双T梁优化为楼层钢结构，通过优化向设计前端要效益（见图2-1-4）。

图2-1-2　阿尔及尔国际会议中心大堂实景

图2-1-3　阿尔及尔国际会议中心6 000座位大会议厅实景

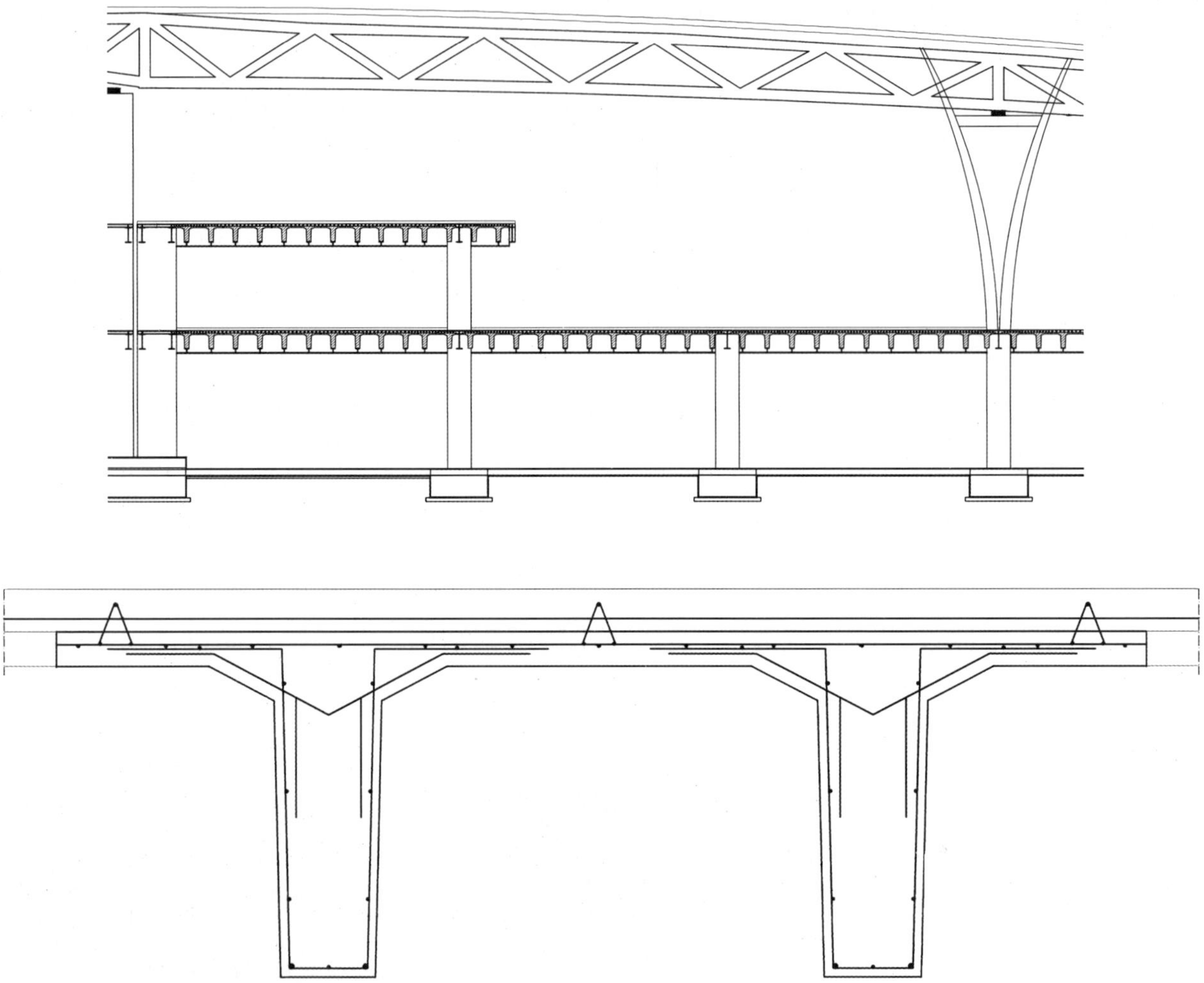

（1）原设计的预应力双T梁预制结构

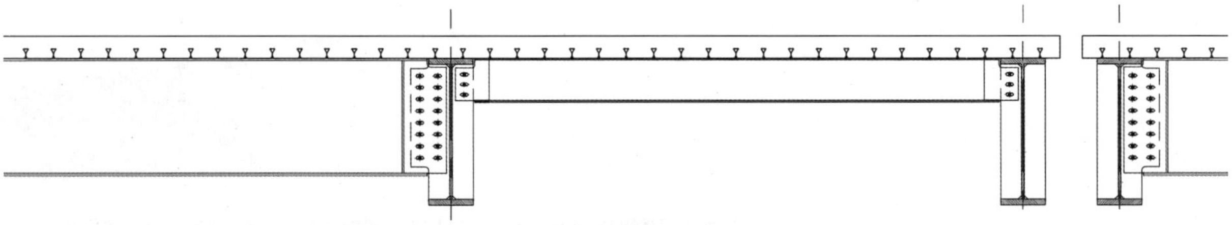

（2）优化后的楼层钢结构

图2-1-4　阿尔及尔国际会议中心楼层结构优化设计图

五、本项目中国标准应用情况

本项目未采用中国标准。在项目施工阶段，采用中国结构设计和施工技术标准对建筑结构设计进行优化、对重大分部分项工程进行施工方案选择与计算复核，主要用于项目内部安全与质量控制。就本项目而言，国外相关标准与中国标准在建筑、装修施工工艺方面相差不大，差异主要存在于计算方法、计算参数和试验方法。此外，国外相关标准对材料性能及指标更多侧重于安全健康、环境舒适。

缺少统一出版发布的中国标准官方英文版本是外方不了解中国标准的重要原因。翻译不够专业而降低了外方对中国标准的认可度也是一个重要原因。实践中中方多在方案选择阶段采用中国标准快速设计计算，确定方案后套用相应国际标准计算核实再向外方正式报审。

项目招标文件及合同要求采用东道国及法国标准、欧洲标准等国际工程标准时，若采用中国标准进行投标报价及项目管理将带来很大的经营风险，尽管中国承包商及中方管理人员由于熟悉中国标准能提高一定的工作效率。若项目合同中约定采用中国标准，中国承包商将能够发挥中国工程材料设备成本低、施工进度快等方面的综合优势，提高市场竞争力。

在认证方面，中国认证国际影响力小，缺少国际交流与推广，大多数国外行业人员不了解或不知道中国相关认证。部分国外监理认可具有与国际认可论坛（IAF）、国际实验室认可合作组织（ILAC）相互承认协议的中国合格评定国家认可委员会（CNAS）标识的实验报告。

鉴于中国标准外文版本少，中国标准对外推广交流的渠道和途径也较少，业主方及设计监理方工程师对中国标准不了解，无法做出客观评价，想当然地认为中国标准技术不适合该项目。

六、采用中国标准与采用他国标准的比较分析

（一）项目所在国对采用国外标准的规定

中国标准在阿尔及利亚工程中应用较少，一般仅用于中国政府经济援助项目。当地普遍使用阿尔及利亚标准和法国标准。鉴于阿尔及利亚与法国的历史渊源，阿尔及利亚工程建设体系借鉴了大量的法国标准，法国标准是理解阿尔及利亚标准及其解释的重要依据。

在阿尔及利亚，工程建设标准体系还不完善，其条款内容需在实践过程中不断应用并逐步发展。由阿尔及利亚国家公共行政部确认的一些国外条款可等同为现行规范并已补充入阿尔及利亚建筑技术条例中。

在阿尔及利亚建筑市场中应用的规范体系主要有阿尔及利亚建筑技术条例（DTR和NA）、法国标准（NF），同时根据项目业主所聘用国外设计院的不同，会使用国际化程度高的欧洲标准（EN）、英国标准（BS）、德国标准（DIN）等。

CIC项目设计监理单位为意大利公司，因而在项目的专用技术条款（CCTP）中规定了部分意大利标准，例如：D.M.09.01.1996、D.M.16.01.1996、D.M.20.11.1987和D.M.14.01.2008等。

（二）推动中国工程建设标准国际化存在的困难和问题

通过国际工程实践发现，推动中国工程建设标准国际化存在如下困难和问题：

（1）如前所述，中国标准无英语、法语等外文版本，不利于推广应用。一方面，业主方建筑师、监理工程师多来自欧洲国家，熟悉法国标准或欧洲标准，中国承包商向东道国行业监管机构、业主及设计监理方推广应用中国标准存在障碍；另一方面，缺乏外文版本的中国标准无法满足中资公司国际化、属地化建设的进展要求。

（2）中国标准对外宣传及推广工作力度不够，国际影响力有待提高。目前仅靠中国承包商在具体项目上单一推介，影响和推进力度有限。东道国属地工程师所受教育或专业培训基于法国工程理论，行业监管机构对中国标准不了解。

（3）中国勘察、设计、咨询行业国际化影响力需要增加，没能在国际工程建设前期抢占先机，以便在项目招标技术文件中策划推广应用中国标准。若业主招标文件及合同文件已明确约定采用阿尔及利亚标准和法国标准，合同谈判中则难以调整为中国标准。

（4）部分中国标准编制思路、模式与国际标准有差别，国际化推广有难度。采用中国标准的材料、设备难以满足合同技术规范约定的欧洲质量、环保或安全认证标准。

（5）中国政府、行业协会以及企业缺乏中国标准国际化推广应用的激励机制。海外工程技术人员以项目为服务对象，任务重、流动性大，缺乏足够的精力和时间以及相关激励措施来开展中国标准国际化应用这类基础性工作。

（三）东道国的特殊规定

如前文所述，项目合同中约定了社会和环境影响的相关条款，阿尔及利亚亦有相关的国家法规。同中国工程的操作一样，承包商自行承担相应费用和风险，并采取各种合理有效的措施，特别是安全防范、交通导改①、施工降噪、减震、降尘等。承包商在其工程施工期间应保护好环境，并确保现场清扫和现场周围场地复原。

在一些特别的项目中，业主会在项目合同及技术规范中要求承包商在设计、施工中采取措施保证项目获得法国绿色建筑指南（HQE）、英国绿色建筑评估体系（BREE-AM）或美国绿色建筑评价标准（LEED）等认证。

---

① 导改：指临时对交通进行疏导或改道。

七、小结

中国的标准规范在20世纪80年代之前受苏联影响较大，80年代后期至今则受美国、英国影响较大。而法国标准几乎独立于英美体系之外，两者相互借鉴采用的并不多，这也造成中国现行标准与阿尔及利亚标准在理论体系、内容、大纲模式等方面差异较大，难以推进。

另外，中国工程设计、施工、材料设备、检测、试验等标准本身互相关联，但各自又充斥很多经验式的参数和方法，相关规范更新后彼此矛盾，不利于推广。

中国工程技术人员多掌握英语，法语水平较弱，对法国工程标准研究较少，中国标准更新中也较少借鉴、引进法标先进做法。

大多数中国工程人员思维方式与受法国工程教育的外方工程师区别较大。部分中国责任工程师在工程中采用“摸着石头过河”的方法，为推进工程进度先做了再说，出了问题再不断解决问题，这种“关系型”市场不同于欧洲工程师“程序型”市场的思维行为，造成甲乙双方难以理解沟通、无法建立信任，造成众多工作矛盾，极大地延误了工期。

中建承接的阿尔及利亚工程项目多采用设计—建造（DB）模式，业主方一般委托法国、意大利、西班牙等欧洲国家工程师设计监理，中建作为工程总承包商接力深化设计和采购、施工任务。项目采用的标准规范在项目招标阶段已经约定，难以在项目前期推进中国标准的应用，但可以利用工程深化设计工作，通过中外标准研究向设计前端要效益。

在CIC项目中，实施团队通过中建阿尔及利亚公司丰富的工程施工经验与欧洲的机电分包商优势互补，机电分包商利用其掌握欧洲标准的设计理论和计算方法，把中建熟悉的中国标准合理做法介绍给业主方并说服其认可，从而使得项目的整体机电系统实现很多设计优化，例如中央空调系统的室内主空调管线由原设计为埋地敷设优化为吊顶内安装，节省了成本，缩短了工期。给排水、消防专业原设计所有区域均为干式喷淋灭火系统，后经过优化设计并得到监理、消防局同意后除了保留展览区为干式喷淋灭火系统，其他区域均改成了湿式喷淋灭火系统，减少了大量的空气压缩机和压缩空气管道的使用，等等。

从海外工程承包经验来看，国际工程承包的难点已不在于施工技术方法，而是来自材料、设备、施工参数等标准规范的制约。中国工程材料设备供应商对其产品进行欧洲标准试验、认证的意识和积极性不足，仅靠承包商自身被动推进中国标准产品力度不足，致使中国工程材料设备采购量有减少趋势。

案例 2 加蓬让蒂尔体育场项目

一、基本信息

1. 项目名称

   加蓬让蒂尔体育场

2. 项目所在地

   加蓬让蒂尔港

3. 项目所在领域

   房屋建筑

4. 项目规模

   工程总建筑面积约210 000m^2

5. 项目起止时间

   2015年7月10日—2017年1月14日

6. 结构类型

   框架结构

7. 建设方

   加蓬共和国青年体育部

8. 设计单位

   悉地国际

9. 总承包单位

   中国建筑股份有限公司

二、项目概况

加蓬让蒂尔体育场，地处加蓬共和国西部沿海城市让蒂尔港市，总建筑面积约210 000m^2，总造价10 049.869 9万美元。主体育场位于场地中央，占地面积约30 000m^2（含竞赛场地），周边有环形车道，停车场位于南北两侧，训练场、网球场、篮球场、手球场及其配套用房（300m^2）位于主体育场南侧，场地内设道路与周边市政道路相连。看台外轮廓与场地轮廓的四个角部均为四分之一圆，近似长方形。看台为单层连续看台，共28排，设30个观众出入口，满足2万名观众的疏散需求。看台为钢筋混凝土框架结构，看台最高点标高为14.52m。看台上覆盖了与看台平面形状相似的环向钢结构罩棚，罩棚投影完全覆盖观众看台，罩棚环向宽37.2m，罩棚最高点结构标高为30.6m。

加蓬让蒂尔体育场项目不但培训了一支结构化工程管理队伍，更开发了当地市场，为中国产品提供了大量出口订单。在解决国内外就业问题的同时，亦为中国标准走向世界打开了一个窗口，促进了中国经济发展。

三、项目合同中的规定

本项目所用的设备、材料采用英国标准、法国标准，中国机械物资需提供机械技术参数满足英国标准和法国标准，当地不认可中国认证。

合同规定制定质量监控，确保提交规范规定的检验、抽检频率、现场质检的原始资料。合同规定承包人应负责为雇员安排食宿，提供各种必需的生活设施，并应采取合理的卫生防护措施和安全措施以保护雇员的健康和安全。

四、项目实施过程中与中国工程的差异

施工过程中，劳务工人部分来自中国，部分来自当地；主要由监理组织验收；物资来源地广泛，从各个国家进行招标采购，采购标准要满足英国标准或法国标准的性能标准参数。

五、本项目中国标准应用情况

本项目施工采用中国标准，欧洲标准复核。

通常情况下，加蓬负责大型工程招标和施工的国土整治和大型工程委员会只认可法国标准和欧洲标准。

六、小结

工程各分部执行的技术标准为中国标准、法国标准①。因设计单位为中国设计单位，在合同谈判阶段就与业主明确了大部分设计及施工采用中国标准，只有与当地接口的标准采用法国标准，比如消防、排烟等。因设计单位及项目管理人员对中国标准十分熟悉，采用中国标准既省时，又节约成本。

中国标准在加蓬应用，目前仍存在如下问题。第一，中国相应的规范、法规没有外文版，与监理及当地人沟通不顺畅，不利于中国标准国际化。第二，加蓬的官方语言为法语，加蓬的工程技术人员接受的是欧式教育，学习的工程建设标准为法国标准和欧洲标准，法国标准、欧洲标准已经在加蓬普及，想让外国监理单位放弃使用欧洲标准转而使用中国标准对他们来说本身就是一件困难的事。所以需要加强对中国标准的宣传，并且要在合同谈判阶段就引入中国标准。

① 由于法国在欧盟中的主导地位，该国许多标准直接被纳入欧洲标准体系中。

案例 3 中刚非洲银行股份有限公司新大楼项目

一、基本信息

1. 项目名称

中刚非洲银行股份有限公司新大楼

2. 项目所在地

刚果（布）布拉柴维尔市

3. 项目所在领域

房屋建筑

4. 项目规模

工程总建筑面积23 745.61m^2。项目包含办公楼、公寓楼、室外工程三个单体工程

5. 项目起止时间

2015年12月25日—2017年11月16日

6. 结构类型

框架—筒体结构

7. 建设方

中刚非洲银行股份有限公司

8. 设计单位

中建八局济南设计院

9. 总承包单位

中国建筑股份有限公司

二、项目概况

“中刚非洲银行股份有限公司新大楼项目”位于刚果共和国布拉柴维尔市内，场地北部毗邻友谊大道，东部毗邻萨苏大道。本项目投资模式为EPC，合同总额355.28亿中非法郎，工程总建筑面积23 745.61m^2。项目包含办公楼、公寓楼、室外工程三个单体工程。办公楼、公寓楼指标见表2–3–1。

表2-3-1　办公楼、公寓楼指标

子项名称	建筑面积/m^2			占地面积/m^2	建筑高度/m
	地上	地下	合计		
办公楼	17 432.05	5 536.03	22 968.08	1 951.80	72.7
公寓楼	777.53	0	777.53	388.77	8.1

非洲国家作为发展中国家的一个主要群体，面临着基础设施建设、经济社会发展的艰巨任务，支持非洲、帮助非洲实现和平稳定发展，一直是中国外交工作的重点之一，非洲国家也是共建“一带一路”的重点地区之一。中刚非洲发展银行是由刚果（布）政府（刚果财政部）和中国农业银行合资投资的银行，响应“一带一路”倡议，便捷中刚两国之间的商贸，带动中国商人投资，并为当地创造就业岗位，促进当地经济发展。

三、项目合同中的规定

合同竣工验收和工程移交不同步，单独设置了工程移交这一环节。如果承包商要求对工程进行竣工检验，应至少提前21天将可以进行某项竣工检验的日期通知监理工程师。除非另有商定，此类检验应在该日期后14天内于监理工程师指示的某日或数日内进行。

合同对缺陷期的要求为：次要部位通常为半年；主要工程及设备大多为一年；个别重要设备也可以约定为一年半。缺陷通知期满时，如果工程师认为还存在影响工程运行和使用的较大缺陷，可以延长缺陷通知期，推迟颁发证书，但缺陷期的延长不超过竣工日后的2年。

四、本项目中国标准应用情况

本项目设计单位为中国设计单位，在合同谈判阶段就与业主明确了大部分设计及施工采用中国标准。

采用中国标准对项目的投标报价、成本管理、进度质量管理有利，便于中方管理人员依据中国施工经验组织进行项目管理，但不利于适应当地的职业健康与安全、环境方面的规定，不利于中方对刚果（布）方的变更索赔方面的工作，也不利于利润核算、市场拓展等工作。

本项目中，国外对中国认证保持认可态度，但不接受中国认证作为衡量品质的保证条件。国外相关人员对中国标准知之甚少，但对工程中中国标准的实际应用表示认可。

五、采用中国标准与采用他国标准的比较分析

受西方国家的影响，刚果（布）对欧洲标准的熟悉程度远高于对中国标准的熟悉度，当地非中国投资项目较少采用中国标准。

当地项目主要采用法国标准，但本项目因为提前约定工程各分部执行的技术标准为中国标准，所以施工方面与中国无较大差异。物资设备方面，当地人认可欧洲标准，中国物资与机械设备要进场必须提供相关的资料文件证明其符合法国标准。商务结算时国外与中国工程量清单组成与计价的差异较大。

案例 4 新加坡庭 · 维苑公寓项目

一、基本信息

1. 项目名称
   新加坡庭 · 维苑公寓
2. 建设地点
   新加坡
3. 设计时间
   2017年
4. 施工单位
   中国建筑（南洋）发展有限公司
5. 场地面积
   16 378.30m²
6. 结构类别
   剪力墙混凝土结构

二、项目概况

新加坡庭·维苑公寓项目位于新加坡西海岸，由中建地产（新加坡）作为发展商，中建（南洋）作为总建筑承包商。由巴马丹拿设计公司P & TCONSULTANTS承包建筑设计，TW-ASIA CONSULTANTS公司和UNITED PROJECT CONSULTANTS公司分别承包结构和机电设计。

整个项目占地面积约16 378.3m²，总建筑面积约46.3万m²，包括两栋36层的公寓住宅塔楼、两层地下车库、地面游泳池及其他公共服务设施，共520套公寓住宅。合同工期从2018年1月8日至2020年12月31日，共36个月。项目为精装修高档公寓，对于装修和交工质量要求高。工地占地面积小，地处居民区，噪声控制要求高，尤其是夜晚施工期间。项目效果见图2-4-1。

图2-4-1 新加坡庭·维苑公寓项目效果图

三、项目合同中的规定

新加坡政府通过以下几种途径对民用建筑工程项目进行横向及纵向管理：第一，工厂注册：工程开工前须建立安全生产委员会，并设置安全生产委员会主席、安全官等。第二，扣分系统：新加坡扣分系统规定建筑公司的基本分数为18分。人力部根据承包商、分包商建筑安全规定等违反情况扣除相应分数。人力部针对扣分严重的单位采取限制劳工准证申请、强化现场监控等惩罚措施。第三，监控系统（BUS）：监控系统通过评估确定重点监控对象。督促企业完善安全系统，提升安全、健康管理水平。第四，安全审计：新加坡政府规定，新开工项目及大型工程项目必须有第三方安全审计公司进行安全、健康、环境工作审计。第五，事故处理：新加坡政府对事件报告有明确规定，对严重的雇员受伤情况，在意外发生10天内必须呈报人力部。第六，专业人员管理：对部分危险作业工种或需要专业技能的管理岗位，如脚手架、密闭空间、消防等从业人员实施职业资格制度。第七，强制安全培训制度：对从事危险作业，包括建筑施工、船运的工人，在取得新加坡劳工准证后，必须经过政府的安全培训，否则不得工作。

合同规定采用英国标准和新加坡标准。新加坡政府十分注重建筑业的安全、环保与职业健康的管理。根据新加坡建设局的规定，A2（建筑企业等级，A1为最高级）以上的建筑企业必须通过ISO 9001、ISO 14001和ISO 18001三个体系的认证，并且要求每年进行外部审计。新加坡环境部除了要求各承包商上交环境控制方案和环境控制报告外，还会不定时对施工场地进行环境抽查，对危害到环境、健康的建筑工地，环境部将采取罚款，停工甚至取消企业资质等措施。

项目对建筑施工过程中的噪声、污染物、灰尘等都有非常严格的指标要求，项目开工前必须制定该项目的安全管理体系（SMS：Safety Management System）、风险评估体系、工作准证制度等，并且要求严格实施，新加坡劳工部人员也会不定时到场检查，违规者将面临罚款或停工的处罚，也会影响公司的绩效评分，最终可能会影响公司投标或者引进工人。

四、项目实施过程中与中国工程的差异

为满足当地要求，本项目引进了新加坡建筑质量量化评估（QM）和新加坡建筑质量评估体系（CONQUAS）两轮质量打分，由新加坡房屋建筑局的专业人士对项目各个工序进行检查评分，是业界最权威的质量考核评估。其中的QM打分更是要求对项目所有的520个单位都要进行检查，而不是简单抽查。想要获得新加坡房屋建筑局认可的质量奖，要求所有单位不能有任何类似漏水这样的重大缺陷，只要有一个房间被检查出类似问题，就会前功尽弃。

五、采用中国标准与采用他国标准的比较分析

（一）项目所在国对采用国外标准的规定

新加坡制定的国家标准共880多项，均属于推荐性标准，企业自愿采用，但涉及人身和动植物安全与健康以及防欺诈、环境保护等方面的标准，则通过有关法律法规将标准确定为技术法规，以法律的形式强制性采用。虽然无强制规定，但新加坡建筑普遍使用英国标准和新加坡标准。

（二）推动中国工程建设标准国际化存在的困难和问题

新加坡当地业主对中国标准不了解，因此难以接受使用中国标准。

（三）东道国的特殊规定

新加坡没有专门的质量认证咨询机构，建筑企业建立质量管理体系可以邀请专职审核员讲解标准的要求，由建筑企业主动贯彻实施，以此提高企业的诚信度。建筑企业应按照规定的时间间隔向认证中心提出监督审核的要求，否则将被视为自动放弃，并在网站上进行公布注销，这将会给建筑企业带来非常大的负面影响，意味着该企业在建筑市场失去了应有的诚信和质量保证。

六、小结

新加坡是一个城市型国家，没有地方政府，其政府相关部门对于建筑业的管理与其他国家相比存在着较大差别。基于依法治国的基本理念，政府主管部门对于包括市场准入、招标投标、设计审查、建筑许可、质量控制以及工程使用等的建筑全周期监管均十分严格。

新加坡建筑市场是一个完全开放的市场，对外国公司进入几乎没有限制。而且新加坡的建筑市场自由透明，工程运作均依照相关法律法规进行，同时，触犯法规的代价也极高。因此，中国企业在新加坡承接工程，必须熟悉和遵守当地的法律法规以及当地规范的流程和程序。

使用中国建筑材料有一定的成本优势，但这也取决于业主和建筑师的选择。近年来中国材料和设备质量提高很快，相信随着更多中国材料和设备的引入，中国标准也会逐渐被当地业主接受。

案例 5 柬埔寨皇家一号商业综合体（Royal One Tower）风洞试验项目

一、基本信息

1 项目名称

柬埔寨皇家一号商业综合体（Royal One Tower）风洞试验项目

2 项目所在地

柬埔寨金边市

3 项目所在领域

民用建筑

4 项目规模

中型公共建筑

5 项目起止时间

2018年7月—2018年12月

6 建设方

OTK ROYAL ONE CO.LTD公司

7 风洞试验单位

广东省建筑科学研究院集团股份有限公司

二、项目概况

本项目位于柬埔寨金边市，建筑物为两栋地上62层、地下6层的钢筋混凝土结构，建筑高度231m，其中一栋为住宅，另一栋为办公楼。项目投资方为当地华人企业OTK ROYAL ONE CO.LTD，中方参与该项目的风洞试验和抗风设计技术咨询，于2018年12月完成全部工作。项目效果图见图2-5-1。

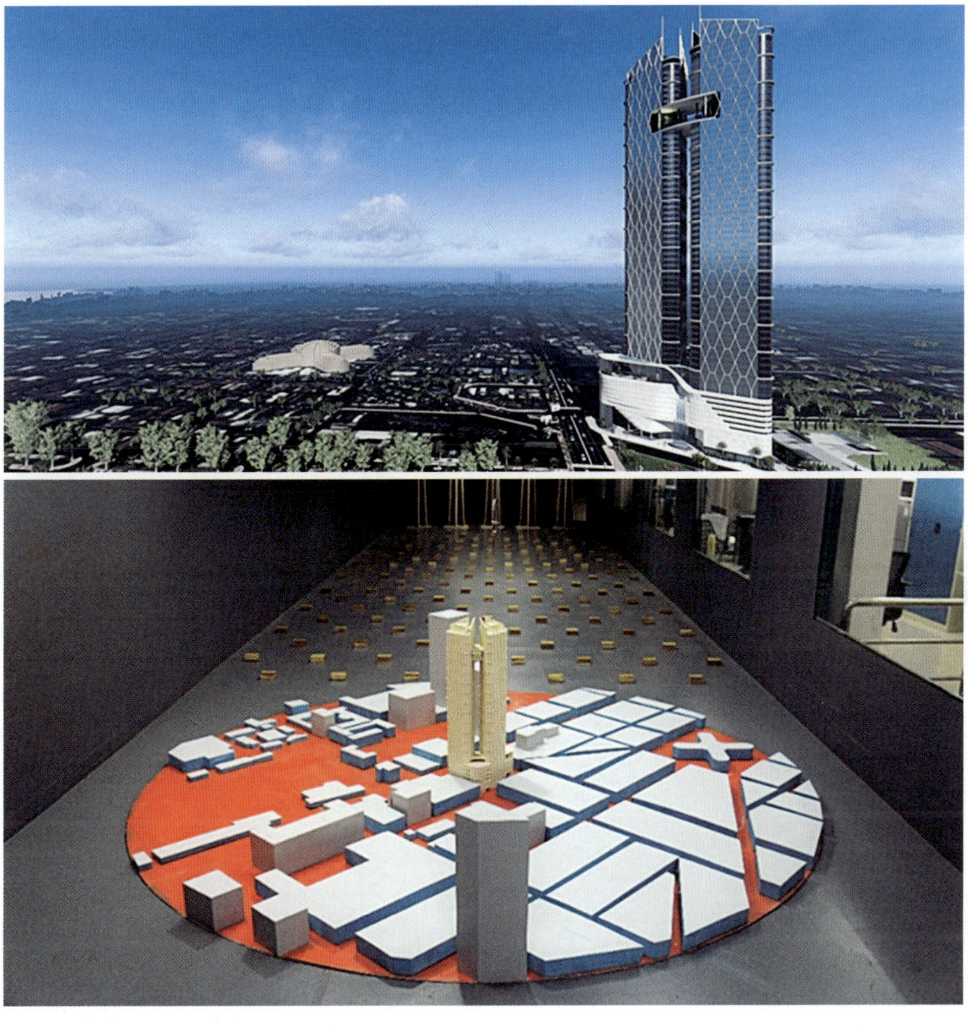

图2-5-1　项目效果图

三、项目合同中的规定

合同规定本项目基本风压等参数以柬埔寨金边风速记录资料为依据，并根据中国及澳大利亚标准模拟平均风速分布、湍流强度等几个重要且必要的风场参数。基本风速的确定与中国工程有差异，计算参数及计算方法均有所不同。

本项目直接采用中国标准，项目所在国无相关标准。项目所在国标准与中国标准中风荷载计算参数及方法不同。

四、小结

风洞试验的基本条文为全世界通用，基本风压、风速平均时距等具体参数则有所不同，风洞试验成果的提供方式必须与结构设计单位采用设计标准相协调。东南亚部分国家还没有当地抗风标准，主要采用美国标准、英国标准、欧洲标准、澳大利亚标准或中国标准，风洞实验室应做好标准的协同比对研究。

案例 6

萨摩亚法莱奥洛国际机场升级改造项目

一、基本信息

1. 项目名称

萨摩亚法莱奥洛国际机场升级改造

2. 项目所在地

萨摩亚独立国阿皮亚市

3. 项目所在领域

民用建筑

4. 项目规模

中型公共建筑

5. 项目起止时间

2015年11月—2018年5月

6. 结构类型

钢结构

7. 建设方

萨摩亚独立国

8. 设计单位

上海现代建筑设计（集团）有限公司

9. 总承包单位

上海建工集团股份有限公司

二、项目概况

萨摩亚法莱奥洛国际机场升级改造项目是萨摩亚航空发展计划中的一部分，项目业主为萨摩亚财政部，使用单位为萨摩亚机场局。该项目为中国进出口银行优惠贷款项目，合同价格为3.4亿元人民币，为EPC总承包模式。

项目内容包括改扩建航站楼、新建应急和培训中心、维修中心、新建登机桥、停车场等。其中，新航站楼总面积为12 573m^2，配备3座登机桥，包括旧航站楼改造5 500m^2，新建航站楼7 073m^2；新建停车场6 000m^2，使得停车场的总面积扩大到19 000m^2。另外，还包括室外总体施工和原有排水系统改造。新建成的航站楼一层为出发层，设有办票及安检功能，作为进港通道；二层主要为出发层，设有候机厅。新航站楼设有可满足功能使用的垂直交通设施。出发部分包括接机大厅、到达区域行李提取大厅、集中办公区等。航站楼为2层，建筑高度23.8m，整个航站楼呈矩形，坐北朝南，东西方向长168m，南北方向长51.8m，面向陆侧[①]局部为开放空间，符合当地节能特色。机场全景见图2-6-1。航站楼钢结构屋盖及紧密型屋面系统见图2-6-2。

图2-6-1 机场全景

图2-6-2 航站楼钢结构屋盖及紧密型屋面系统

三、项目合同中的规定

本项目采用中国标准，并需要考虑当地的使用习惯和气候、环境特点，并认可中国认证，但检验检疫对木材的进口有较高的要求，一般只认可新西兰的木材处理结果报告。环境评估必须满足当地政府关于环境和职业健康影响的评估，项目实施单位出具环

---

① 机场区域划分的一种，相对于空侧而言。

境影响评估报告并通过萨摩亚政府批准。

合同未约定社会和环境影响的具体内容，但是在项目实施前，项目通过了当地环保部门要求的环境影响评估报告。本项目实施过程中，充分注意环境保护，控制噪声、污染物，尽量保护地块内现有树木、建筑、设施，做到让业主满意，周围居民或单位无投诉。萨摩亚缺少必要的市政污水管网，故一般化粪池需经沉淀后再做自然渗透处理，沉淀池做定期抽取。本工程项目全面贯彻执行国家标准职业健康安全管理体系，项目通过当地环境资源部认可的环境影响评估报告（EIA）。

合同约定按照中国标准进行验收，并满足当地使用方对使用功能的要求。项目移交后，施工方提供一年的免费维保服务并提供技术培训。

四、项目实施过程与中国工程的差异

勘察设计阶段：尽管合同要求为按照中国标准设计，但需要充分考虑当地的使用习惯和气候特点。萨摩亚为海岛国家，盐雾重，紫外线强烈，四季炎热阳光充足，雨季雨量大、台风多，因此需要重点考虑材料防腐防盐雾性能、建筑物遮阳、屋面排水等问题。在按照中国标准设计的同时，也要考虑当地标准的强制性要求，例如对框架结构空心砖必须进行插筋并用混凝土填实；消防设计必须经过当地消防局审核通过；对外水电接口、插座等末端必须为当地制式。在申请当地施工许可时，当地政府的结构工程师会对结构安全进行审核。萨摩亚属于台风多发地区，对于风荷载计算非常重视，由于澳新标准跟中国标准对于风荷载的取值和计算公式不同，因此需要对比两国标准对于风荷载的计算，以确保结构性能安全。

施工与验收阶段：施工过程中需要充分考虑到当地人工、材料、机械（简称“人材机”）的匮乏，在“人材机”基本依靠进口的前提下，需要充分考虑材料的运输时间、施工方案在当地的可行性和劳动力的保证。材料从他国进口基本需要超过1个月的运输时间，从中国运往萨摩亚需要1.5个月。当地施工机械严重不足，起吊机械仅有1台50t汽车吊，数台25t汽车吊，大型吊装作业需要考虑其可行性；道路施工机械仅有2台旧式沥青摊铺机，无红外找平，施工质量难以保证。当地工人缺乏技工，基本以力工为主，技术工人以中国工人为主。

当地雨季时间长达半年，雨季往往骤风骤雨，对施工工期、施工安全、施工质量都有较大的影响。要确保合理安排工期，尽量避免在雨季进行基础工程施工、钢结构吊装等受雨水影响较大的工作。雨季是台风多发季节，岛国台风风力大，破坏强，要做好台风紧急预案。

竣工验收前，需要对当地业主进行移交培训。该项工作与中国最大的区别是，所有培训需要以英文进行沟通，并考虑到当地人员的知识水平较低，因此大大增加了培训难度和降低了培训效果。对外移交无论是设备显示或者资料均须为英文。

五、本项目中国标准应用情况

本项目是中国进出口银行提供优惠贷款的双优项目，全部采用中国标准。部分材料涉及对外接口如插座面板、市政水电接口、消防接口等按照当地标准配置。项目由中方提供相关图纸的英文版，报当地工程部，经过当地认可的结构工程师审核后，结构部分才能通过审批。施工过程中外方委派专业监理工程师对项目施工全过程按照中国标准和规范进行了监督和检查。对于部分跟当地气候、做法习惯、消防强制标准有关的内容，需要按照当地标准和习惯设计施工。

中国标准和萨摩亚标准（澳大利亚、新西兰标准，简称澳新标准）在绝大多数情况下相似或者相近，按照中国标准设计施工不影响图纸审核、材料使用、施工工艺确定和竣工验收。萨摩亚国家标准参照澳新标准，因此其水电接口、消防规范等需要参照澳新标准。结构受力公式和计算方式与中国标准有所不同，但是结果相近。双方标准的部分差异如下：

中国标准对于水泥空心砌块的做法是按照传统的空心砖加构造柱和圈梁实现填充墙做法工艺。在萨摩亚当地标准中，需要将空心砖砌块全部用C25混凝土灌芯并在横向和竖向均每隔200mm进行钢筋拉结。这使得在应用萨摩亚标准时，填充墙的重量远远大于中国标准，对静荷载造成很大影响。因此，萨摩亚很少用空心砌块作为内墙隔断，一般尽量采用轻钢龙骨纸面石膏板隔墙作为内墙隔断，以减少整体荷载。

项目实施过程中，中方结合当地实际地理环境和气候特点，参考当地及澳新标准和规范的要求对施工工艺进行优化。萨摩亚全国属于高盐碱、高腐蚀地区，因此设计和施工必须考虑防腐蚀问题。例如，实际施工过程中中国砌体规范中的空心砌块砌筑没有要求全部插筋灌芯，但是萨摩亚处在地震多发带，且多雨、风压大，外墙容易渗水，故项目参考了澳新标准和规范，所有的空心砌体都采用了插筋灌芯的施工工艺；中方还对直立锁边泡沫玻璃屋面系统在萨摩亚强台风地区的受力情况进行分析，根据其受力特点设计固定方式，并对檐口等局部的加固进行了改进。

采用中国标准的国内材料设备生产厂家很多并不具备国际合作能力，相关产品介绍及使用手册只有中文版本，在对外移交、培训以及维保期后的外方自行管理维护方面存在一定的难度。总承包企业需自行对相关材料进行翻译，可能会因翻译不准确，曲解了产品功能而导致外方出现理解偏差。在机场项目前期谈判过程中，由于中国标准缺少相应的英文对照版本，中方企业自行翻译的相关标准在用词上不够准确，常常导致外方难以理解中国标准，影响项目的正常进展。

实践证明，中国标准本身并不比国外标准低。作为中国企业，采用中国标准可以降低项目报价、成本控制、进度质量控制方面的难度，带动中国产品走出国门。但另一方面，由于业主方对中国标准并不熟悉，沟通不畅、接受度低成为采用中国标准的难点。因此，中方企业在与业主进行沟通、对业主进行培训方面要投入很多精力，甚至要带业主到中国参观学习访问，通过多种形式打消业主的疑虑，并最终以质量证明中国标准的实力。本项目中，萨方承认并采用了中国认证作为品质保证条件。

六、采用中国标准与采用他国标准的比较分析

（一）项目所在国对采用国外标准的规定

萨摩亚公共建筑的相关规范文本有待完善，只有一些零星的指导意见，并没有成系统的规范体系，目前主要参考澳新标准，同时在中国的援建或双优项目中采用中国标准。

（二）推动中国工程建设标准国际化存在的困难和问题

中国材料与澳新材料有着不同的质量体系，在实际施工过程中两种材料不能很好地配合使用，比如中国标准的PVC管材与澳新标准的PVC管材，在同外径的情况下存在壁厚或内径不一致的问题，这使得在缺少配件的情况下，很难用澳新标准的管材配件替代中国配件。

（三）东道国的法律法规

本项目采用中国标准，在施工技术上萨方给予了肯定与支持，项目期间萨方还组织当地技工实地观摩中方现场钢结构的焊接演示。在东道国施工过程中，中方主要面对的是当地的税务法规以及当地的劳工法规。当地劳工保障体系与中国基本一致，也需要由公司负担部分比例的社会保险及意外保险费用，同时劳工部以及工程部门会定期现场检

查当地劳工的劳防用品及现场应急预案的状况。如果项目由当地注册公司进行，每年还需接受税务部门的审查。

七、小结

该项目国外相关人员对中国标准经历了从不信任、疑虑，到眼见为实、肯定的过程。项目伊始，业主对中国标准、中国材料充满疑虑，对计算规则、产品认证、施工工艺等各个方面提出了意见和疑问。项目设计师、工程师通过对比中外标准的不同计算方式、对材料性能提供具体参数、对施工工艺进行详尽解释，甚至通过带领业主到中国参观产品加工流程和中国先进建筑等方法，使外方逐步接受中国标准。最终，外方对法莱奥洛国际机场升级改造项目十分满意，将其誉为“萨摩亚的艺术之作”，并授予该项目“年度最佳基础设施工程奖”。

随着中国建筑企业走出国门，中国在国外承建的建筑项目越来越多。由于中国企业对外承建了较多体育馆、医院等大型公共建筑，可以考虑在国家现行规范的框架下，编制一系列大型公共建筑的国际通用规范。例如，体育场馆的建设涉及各个国际体联的标准，在一些细节施工过程中采用国际体联的标准更能适应各个国家的要求。再如，中国拥有幅员辽阔的国土，但是现行规范基本是一部通用规范，也可以编写一些适用于热带海岛的技术规范和施工工艺，以适应特殊环境下的国外建设项目。在本项目的实施过程中，萨摩亚的气候对建筑主体的盐雾腐蚀比较严重，故项目对钢结构主体以及一些关键部位采用了较高标准的防盐雾处理措施，此种现象在岛国建设中非常普遍。如果对现有技术规范进行一些有针对性的修改，并整理出一套相对准确的英文规范，将对中国企业走出国门带来很大的帮助。同时，应建立关于国际标准的信息化平台，提高中国标准的技术水平，避免中国企业在国外标准研究中重复投入。

案例 7　帝国花园国际公寓项目

一、基本信息

1. 项目名称

帝国花园国际公寓

2. 建设地点

毛里求斯卡特邦市菲尼克斯地区

3. 设计时间

2013—2014年

4. 资料提供单位

北京建工集团

5. 施工单位

北京建工集团

6. 建筑面积

98 000m^2

7. 结构类别

框架剪力墙结构

二、项目概况

帝国花园项目是毛里求斯面向国外客户开发的高档住宅小区项目，总占地面积16 570m²，建筑面积约为98 000m²。整个项目工程由5栋独立的住宅楼、停车场和公共景观区以及配套机电和附属设施组成，包含255套商品房。该工程的结构形式为钢筋混凝土框架剪力墙结构，两层地下停车场，5号楼座地上14层，其余楼座均为18层。

该项目位于印度洋岛国毛里求斯的卡特邦（Quatre Bornes）市菲尼克斯（Phoenix）地区。Phoenix地处该岛中腹，有很大的向外发展空间，高速公路贯通，交通便利，被认为是毛里求斯最具发展潜力的地区之一。该项目位于Phoenix地区的交通枢纽地带，距离高速公路约1km左右，从项目所在地可以非常便捷地向北直通毛里求斯首都路易港，向南直通毛里求斯国际机场（Sir Seewoosagur Ramgoolam International Airport），向西通往著名旅游景点Fic En Flac。项目南立面效果图见图2-7-1。

图2-7-1　项目南立面效果图

三、项目合同中的规定

在毛里求斯工程建筑领域，当地所应用的标准是英国标准（BS）和毛里求斯标准（MS），多数的工程项目都采用上述标准。本项目由北京建工参与部分投资，设计采用中国设计和中国标准。因监理为当地公司，在采用中国标准的同时注重设计与施工的本地化。

四、项目实施过程与中国工程的差异

毛里求斯项目多采用英国标准管理体系，本项目采用中国管理制度与英国标准管理体系要求相结合，能够满足施工管理需要。

本项目建立和实施严格的“三检”和隐蔽检查验收制度。各道工序完成后，首先由作业班组进行自检，合格后交给下道工序的作业人员在施工前对已完工序进行互检，发现问题及时通知给作业班组进行整改。各道工序完成后，由专业施工技术负责人和质量检查员进行检查验收，并对检查工程中存在的问题进行整改。隐蔽工程项目依据相关规定，组织监理方进行检查验收，经验收合格签字后，方可进入下道工序。通过对每道工序执行上述多重的严格质量检查验收制度，确保各分项分部工程质量达到要求，从而保证整个工程项目的质量。

本项目重视事前控制和过程控制。在材料和图纸被批准后，每进行下一项工作之前，项目部都会召开一次施工前会议，阐述下一步的具体施工方法、措施和质量要求，以保证施工有序进行。在施工前会议中，项目部为保证该工序顺利进行做出充分准备，包括确定劳动力数量、机械设备的型号及数量、工艺要求及应急措施、本项工作的开始及完成时间、质量通病预防措施、验收标准等，按交底内容形成分项技术交底记录。施工前检验包括对合同要求的审核，确保合同要求的施工材料和设备都已进行递交并附有审批报告。对施工区域进行作业条件的检查，确保已经过审批的施工图纸及合同技术符合规范。当某一分项工程完成，具备验收条件时，项目部需要向监理提前提交IS（检查计划），在验收计划中列出需要进行验收的步骤。在实施过程中，按照计划中列举项目进行验收。施工后的检验应每日进行，记录施工部位的生产活动，详细记录各种试验和检验活动的结果，直到施工阶段全部完工，使所有的记录资料具有可追溯性。对发现的问题及时向有关施工方反馈，督促其采取纠正和预防措施。

各分项工程在大面积施工前应先制作样板房。样板房在合同约定时间之前完成。样板房使用的材料应按合同规定，并经过监理工程师的审批。样板房制作完成后报监理工程师验收，验收合格并签署意见后才可大面积展开施工。

五、本项目中国标准应用情况

本项目直接采用中国标准，同时结合当地情况。

毛里求斯位于热带，属于海洋性气候，且受到台风天气的影响，雨季长，降雨量大，空气湿度大，空气中盐雾成分较多，具有很强的腐蚀性。根据当地的环境和气候特征，本项目在设计和施工中采取针对措施，以消除或降低其不利影响。

土方工程完毕后和浇筑混凝土垫层之前，由专业公司进行防白蚁药物喷洒处理，以防止白蚁对房屋结构的破坏和居民生活的打扰。

为了防止空气中盐雾对结构钢筋的侵蚀，混凝土浇筑过程中严格控制保护层厚度。施工的周转材料采用镀锌型材和管件、涂刷防锈漆、定期进行除锈刷漆等措施，增强抗腐蚀性，提高安全性和经济性。

由于暴雨大风天气较多，当地民居多有渗漏现象。针对这一不利影响，采取了如下措施：外檐抹灰，均采用两遍成活（平整度较差部位采用三次），保证抹灰层的密实度，减少孔隙率。在不同材质的基层交界处（例如混凝土和砌块墙体）张挂抗裂钢板网，防止局部裂缝而导致的渗漏。外部窗洞口两侧均浇筑混凝土侧柱，混凝土窗台连成一体，已增强洞口周围结构的自抗渗性能。同时窗台采取外低里高的防水和排水设计。铝合金加工过程中，严格控制加工工艺，拼缝严密，现场进行水密性和气密性检验，防止渗漏。针对台风的不利影响，对铝合金进行抗风压验算，选取合适的型材和构造，使其具备足够的抗风能力。在现场施工和质量检查过程中，项目部将公司企业标准英文版提交给业主及相关监理后，监理同意中方使用本标准作为本项目的施工技术规程，并对本规程做出了很高的评价。

六、小结

本项目主要采用中国设计和中国标准。在上述工程项目的建设过程中，参与建设的当地建筑专业人员逐渐开始接触和了解中国标准，建立对中国标准的接受和认同。比如，帝国花园项目的避雷接地系统和卫生间的等电位系统，中国的设计标准和当地标准存在差异，后来经项目机电工程师向当地咨询工程师说明和解释，最终对方认可和批准中国的设计，并按中国设计进行施工。另外，为了降低项目成本，项目的铝合金从中国采购，产品采用的是中国标准，最初监理方并不认可。在项目部提交质量标准的英文文件并进行详细说明后，监理方最终批准了该铝合金材料。

毛里求斯目前采用英标较为普遍。由于毛里求斯建筑业并不十分发达，也没有完整的毛里求斯国家标准，相对比较容易接受中国标准。即使是采用英标设计和施工的项目，在设备材料的替换和施工方法的采用方面也比较容易接受中国标准，这有利于中国标准被更多的国家和工程技术人员熟悉和了解。

案例 8　越南国家体育联合区中心体育场项目

一、基本信息

1. 项目名称

   越南国家体育联合区中心体育场

2. 项目所在地

   越南首都河内

3. 项目所在领域

   房屋建筑

4. 项目规模

   40 000个座位，建筑面积46 897m^2

5. 项目起止时间

   2001年8月—2003年8月

6. 结构类型

   框架结构

7. 建设方

   越南国家体育联合区管理委员会

8. 咨询单位

   越澳合资CONINCO WRIGHT

9. 设计单位

   上海现代设计集团

10. 总承包单位

    HISG，即上海建工集团、上海外经集团、上海现代设计集团、澳大利亚BVN设计事务所的联合体

二、项目概况

图2-8-1　体育场外景

图2-8-2　体育场主拱及灯塔安装

图2-8-3　体育场内装饰

越南国家中心体育场是为越南举办第22届东南亚运动会而兴建的主会场。项目采用国际招标形式，于2001年8月由越南体育联合区管理委员会（业主）授标HISG，并于2001年8月14日正式签订承包合同。总承包单位为HISG，上海现代设计集团和澳大利亚BVN设计事务所为设计分包商。总承包范围为设计、土建施工、设备供货和安装、调试运行、培训等。

本体育场项目是越南当时的国家一号工程，越南政府为保证项目建设顺利进行，专门成立国家指导委员会，由建设部副部长担任主任，主要成员由财政部、建设部、体育部、计划投资部、政府办公厅、河内市政府有关人员组成，成立的目的是督促中心体育场项目建设的进度和质量，解决建设过程中存在的问题，确保项目于2003年8月15日正式交付使用，因此建设好体育场有助于中国公司在越南市场创立品牌，更重要的是促进两国之间的友谊不断发展。

本项目是EPC总承包项目，采用越南标准和国际标准，边设计边施工，在短短的两年时间内完成设计、施工、采购安装、培训、交付使用等总额高达4亿多元人民币的项目，需要做大量的管理协调工作。经过24个月的不懈努力，项目如期完工并交付使用。项目场景见图2-8-1~图2-8-3。

三、项目合同中的规定

合约规定需要遵守越南的相关法律法规，包括劳动法、建筑法、合同法、税法及外汇管理规定等。项目使用标准如下：建筑、结构、机电安装和消防按照越南标准或高于越南标准执行；弱电各部分按照弱电行业通行的准则及项目可行性研究报告执行（项目可行性研究报告由法国公司编制）；场地和跑道按照国际田联（IAAF）相关标准执行；草坪和灯光按照国际足联（FIFA）相关标准执行。

田径场地和跑道需要取得国际田联（IAAF）认证证书；足球场地天然草坪和灯光需通过国际足联（FIFA）相关验收认证。土建材料如钢筋、水泥、砖等在当地采购，由供应商提供质量保证资料。钢结构材料由中国专业单位提供原材料质保书和相关复试报告（在中国取样试验）、焊缝检测报告、钢构件质保书等，资料需要英文版。机电产品必须从欧美进口（合同附件中已经明确了机电产品的品牌和产地），且必须提供机电产品的原产地证书和相关质保书。装修材料大部分从中国出口到越南，需要提供产品质保书（英文版）。

合同规定基础和结构施工必须和当地承包商合作。钢结构、机电、装修、体育工艺等需要优先聘用当地劳务或者和当地有能力的公司合作。

合同规定质量应达到设计规定的要求，满足越南国家体育场验收委员会制定的验收程序和标准。越南国家中心体育场采用四层次验收的模式，即越南国家体育联合区中心体育场项目总包和监理验收—体育场项目管理委员会验收—体育场项目基层验收委员会验收—体育场项目国家验收委员会最终验收。工程验收的范围包括基础、上部结构、屋面结构、机电安装、室内外装修、草坪跑道、设施及器材、其他项目，不采用抽查形式，而是采用全覆盖检查验收。在项目开工前制定各分部分项验收要求和验收标准。体育场项目国家验收委员会最终验收通过后，承包商向业主移交体育场，包括钥匙、资料、维护保养手册等。自移交之日起24个月为质量保修期。保修期结束前一个月由业主组织试用方人员对项目进行最终验收，验收通过后出具最终验收证书。

四、项目实施过程与中国工程的差异

勘察阶段没有明显差异；设计阶段越南分为方案设计、技术设计、施工图设计，共涉及三个阶段；施工阶段的管理包括施工方案递交审批、试桩、原材料检测、混凝土试验、过程验收等，与中国工程基本相同；设备材料采购前需要提交技术规格书和样品或者样本，经监理和业主确认后方可采购。

五、本项目中国标准应用情况

越南国家体育联合区中心体育场项目是EPC国际总承包项目。合约规定体育场设计和施工中建筑、结构、机电安装和消防按照越南标准或高于越南标准执行。当时中国的各类规范标准基本都是高于越南当时的规范标准，为满足中国设计和中国承包商项目实施的便利，上述分部工程的设计和施工规范基本都采用了中国标准。尤其是大型钢结构的设计和施工，越南这方面的能力相对薄弱，因此完全按照中国标准执行，材料和施工工艺全套从中国引进。弱电各部分按照弱电行业通行的准则及项目可行性研究报告执行，当时中国在弱电方面的标准主要也是参考欧美和日本的标准，产品以进口为主，因此这方面当时没有采用中国标准。场地和跑道方面按照国际田联（IAAF）相关标准执行，在草坪和场地照明方面按照国际足联（FIFA）相关标准执行，这是为满足大型体育场国际赛事要求而必须要做到的。

越南国家体育联合区中心体育场项目业主要求所有机电产品必须从欧洲原装进口，原因是当时并不认可中国相关产品的标准。部分装饰材料经过多轮的申报并提供额外的保证承诺才加以采纳应用。另外，对外方而言，不熟悉中国标准是他们不接受中国标准的一个重要原因，而没有系统的外文版译文是制约中国标准国际化的重要问题。

2001年在越南采用中国标准对项目投标报价、成本控制比较有利。当时越南建筑业不发达，欧美产品和各项建造成本较高，日本和韩国在越南实施项目的成本和造价比中国企业要高，当时采用中国标准具有较强的竞争力，且工程进度、质量、安全等方面也是可控的，只是中国在越南投资量较少，纯粹的承包项目一般很难由中国公司中标。

项目建设时，越南建设部和业主不认可中国认证作为衡量机电产品品质的保证条件，机电产品必须从欧美进口，且必须提供机电产品的原产地证书和相关质保书。

2003年9月2日是越南国庆节，当天越南政府在新建成的国家体育场举行落成典礼，并取得巨大成功，这标志着体育场已经正式投入使用，在落成典礼仪式上越南政府有关领导评价该体育场美观、质量好、建设速度快。

六、采用中国标准与采用他国标准的比较分析

（一）项目所在国对采用国外标准的规定

越南对于政府投资项目的规定是采用越南国家标准或者高于越南国家标准的国际标准。对于民间投资的项目，政府允许采用外国标准，但需要在建设部门登记备案，同时通过限制施工许可的方式对设计图纸进行规划审批。

（二）项目应用他国标准情况

越南主要采用的国际标准是美国、欧洲（法国、德国、意大利）、日本、韩国、澳大利亚及新西兰标准。

本项目建筑设计和体育工艺设计主要满足体育场馆举办国际赛事所需要的国际标准，已经是国际化的标准；结构和装饰设计以中国标准为主，用越南标准进行复核；机电系统设计标准主要参考中国标准，结合主要进口机电设备（高低压配电、空调、给排水、各弱电系统设备等）进行设计施工和验收。消防系统需要完全按照越南国家公安部消防局的要求申报图纸和主要设备材料，安装完成后进行现场验收。

越南受西方文化如美国和法国等的影响比较深，对于欧美标准的接受程度较高。对于建筑工程而言，设计师的作品、承包商的建筑施工水平和质量、所采用的建筑标准、国家的建筑产品性价比等都是影响标准能否被接受的重要因素。要依靠国际化的建筑标准体系、设计师的优秀作品、具有良好性价比的建筑产品、先进的施工技术和可靠的工程质量、投资带动承包等综合条件，才能加快中国标准国际化进程。

七、小结

在本项目实施过程中，中方承包商直接将中国标准的主要内容翻译成越南文并和越南当时正在使用的规范进行比较，确保采用的设计标准高于越南相应的标准，以便向越南建设部的审查委员会做出有说服力的解释。越南标准采用的是苏联的标准体系，与当时的中国标准是比较接近的。

随着中国经济的高速发展，中国建筑业水平和能力也得到了很大提升。随着“一带一路”倡议的不断推进，中国工程建设标准在技术规定和水平上与国外常用标准已经差距不大，但在配套及被引用量等国际化程度方面，中国相关标准还有待提高，其中，与中国工程建设标准国际化密切相关的是中国建筑材料和设备的产品标准与国际标准的差

异。例如，中国建筑材料进场验收是提供材料的质保书、出厂检验报告、性能检测报告、型式检测报告等，在采购前一般不提供材料的技术规格书供业主或者监理审核。材料准备缺少详细的技术说明，对型式检测或者性能检测的频次等规定不严格，检测单位只对送样或者抽样样品的检测结果负责，这些都使国外的产品使用者无法很好地了解产品的性能及质量。

案例 9 肯尼亚中央银行社保基金大楼项目

一、基本信息

1. 项目名称

肯尼亚中央银行社保基金大楼

2. 项目所在地

肯尼亚内罗毕市

3. 项目所在领域

房屋建筑

4. 项目规模

大型公共建筑

5. 项目起止时间

2017年4月3日—2019年12月9日

6. 结构类型

框架—剪力墙结构

7. 建设方

肯尼亚中央银行社保基金（CENTRAL BANK OF KENYA PENSION FUND）

8. 咨询单位

福建建工装配式建筑研究院有限公司

9. 设计单位

APRIM CONSULTANTS公司

10. 总承包单位

中国武夷实业股份有限公司（CHINA WUYI CO.LTD）

二、项目概况

肯尼亚中央银行社保基金大楼项目，业主为肯尼亚中央银行，建造目标为内罗毕中央商务区地标超高层办公建筑，合同价格为30.49亿肯尼亚先令（约合2.052亿元人民币），采用施工总承包模式。

本项目建筑面积41 000m^2，地下3层，地上31层，主要功能：地下1~3层为地下停车场，地上1~4层为停车场，第五层为餐厅，6~26层为办公室，26层以上为观景平台，定位为超现代地标建筑。本工程为非洲地区首个完全采用中国自主知识产权的装配式技术的超高层办公建筑。实施情况良好，受到肯尼亚建筑师协会（A.A.K）及业主的认可。

本工程已于2019年3月31日主体结构封顶。项目大楼全景见图2-9-1。

图2-9-1 肯尼亚中央银行社保基金大楼全景

三、项目合同中的规定

本项目按照肯尼亚共和国有关规范和法规进行设计施工，需考虑当地建筑风格及使用习惯。环境评估必须满足当地政府关于环境和职业健康影响的评估，项目实施单位应通过政府组织环境影响评估。

本项目主体设计采用肯尼亚规范及英国标准（BS）、美国标准（ACI），预制结构设计采用中国标准。合同中没有对各类认证的需求。该项目认可中国认证，本项目屋顶钢结构的钢构件及预应力空心板、桁架钢筋叠合板中的钢筋为中国进口，但需要当地检测部门出具型式检验报告。

合同按照当地相关规范及法规进行验收，项目移交后，施工方需提供一年的缺陷责任期和质保期。

四、项目实施过程与中国工程的差异

勘察阶段：该项目地处内罗毕中央商务区，周边房屋紧邻，基坑施工注意支护，控制沉降，地下水位较高，需控制降水。

设计阶段：当地采用英国标准（BS），但因当地海拔远高于英国本土，故不能完全按照英国标准BS 6399-2:1997（2002年6月修订），应采用换算后的基本风压。

设备与材料采购要求：当地清关时间较长，基础设施较差，项目选用了中国进口钢材。

五、本项目中国标准应用情况

本项目结构优化、结构施工图绘制、预制深化设计及屋顶钢结构部分设计为福建省建筑设计研究院有限公司现代房屋设计研究分院负责，结构规范采用肯尼亚建筑规范NBR 2014及英国标准（BS）、欧盟标准（EC），深化设计采用中国规范，构造设计参照美国PCI设计手册，并提供英文版计算书供外方设计公司审核。本项目设计中，结构分项系数、设计荷载、强度取值均不同，肯尼亚当地通常用表格形式计算构件，但也认可有限元分析。

在中国生产的预制混凝土构件（相关生产基于中国标准）发挥中国企业的优势，保证了预制构件的品质，进而保证了主体结构施工质量。同时，通过中国标准及自主知识产权的装配式免撑免模技术，大量减少支撑及模板，与现浇结构相比成本略有降低，工期减少1天/层。同时工人职业健康和安全条件得到极大优化，产生的垃圾、噪声等极大减少。项目施工现场见图2-9-2。

在认证方面，肯尼亚对中国认证持开放态度，但目前暂不接受中国认证作为衡量品质的保证条件。中方项目公司正着手将基于中国标准的企业标准在肯尼亚的标准管理机构进行备案和认证。

通过本项目，业主、建筑师、结构师均对中国标准的完整性及安全性表示认可，称为"先进的中国技术"。

图2-9-2 项目施工现场（楼板免撑免模）

六、采用中国标准与采用他国标准的比较分析

肯尼亚主要参考英标及欧标且应用较为成熟，该国对中国标准也采取开放态度，但相关参数需采用当地标准进行复核。

当地业主及设计单位对新技术持较为开放的态度，认可美国绿色建筑评价标准（LEED）认证，在能满足建筑师及结构安全的前提下，提供完整建筑信息模型（BIM）、结构计算书及施工模拟，对方即较易接受。通过本项目的成功实施，中国装配式标准已获得本项目设计单位的认可。

七、小结

项目运行前期，业主、建筑师、结构师均对中国标准持怀疑态度，认可度较低。中方通过邀请肯方来中国考察项目、产品及BIM、装配式等技术，增强了互信。中方企业通过当地标准与中国标准的对比，突出了中国标准安全性好、品质高、工期短的特点，并通过标准样板，使对方接受并采纳了中国标准。

装配式技术已在发达国家流行并成为主流建造技术，中国政府的大力推行让中国企业的装配式建筑技术有了较大的提升。中国企业走出去首先应注意发挥集团优势，因地制宜，在遵照国际咨询工程师联合会菲迪克（FIDIC）条款履约的前提下，遵守当地法规，控制整体成本，在中国标准基础上融入当地认可标准或主流标准并加以验证，增加可信度。

中方企业应尊重当地设计习惯，根据当地消费水准及发展需求，研究不同需求对应的建筑产品，满足其基础设施需求。加大研发力量，以中国标准为基准，结合中国先进的BIM技术，增强所在国政府及外方业主对中国标准的认可及信任。

案例 10 斯里兰卡珍珠酒店项目

一、基本信息

1. 项目名称

斯里兰卡珍珠酒店

2. 项目所在地

斯里兰卡科伦坡市科伦坡3区高尔路505号

3. 项目所在领域

房屋建筑

4. 项目规模

55 000m^2

5. 项目起止时间

2016年4月22日—2019年4月22日

6. 结构类型

框架剪力墙结构

7. 建设方

明珠大酒店有限公司［PEARL GRANDTOWER HOTEL（PVT）LTD］

8. 咨询单位

CONSTRUCTION COST MANAGEMENT（PVT）LTD公司

9. 设计单位

结构设计

CIVIL AND STRUCTURAL ENGINEERING CONSULTANTS（PVT）LTD公司

建筑设计

DESIGNSPACE（PVT）LTD公司

10. 总承包单位

中国建筑股份有限公司斯里兰卡分公司

二、项目概况

本工程共由1座塔楼组成，为框架—核心筒结构，总建筑面积约为55 000m^2。其中地下两层（局部1层）、地上41层，建筑总高度179m，标准层高3.75m。

项目为公开招标项目，项目法人为斯里兰卡当地私人业主，业主资金来源为银行贷款，造价1.05亿元人民币。项目质量要求为合格，无其他特别认证要求。项目效果图见图2-10-1。

图2-10-1　项目效果图

三、项目合同中的规定

本项目建筑管理体系以英国标准体系为主，并且需要遵守当地的相关法律法规。本项目主要采用英国标准，进场物资需报验，合格后方可使用，所有的使用材料需将技术参数报给监理工程师审批。

项目技术规格书中有推荐的可供选择的材料品牌（多为第三国进口材料品牌），施工前应提交相关技术参数，经审批同意后方可采购进场施工。本项目41~42层使用的钢柱是中国厂家生产的，但是仍旧采用英国标准。因此，本项目目前没有认可中国认证。

材料采购方面，只认可英标产品，设计工程主体所有主材均按照英标标准进行生产。

合同规定承包商应建立一套质量保证体系，证明承包商已履行本合同要求。

四、项目实施过程与中国工程的差异

图纸设计阶段：建筑设计上，当地图纸报审多使用示意图，施工过程中变更量较大，不同设计院的出图标准也有很多差异。结构设计方面，钢筋为单独设计出图，钢筋节点做法和搭接长度和中国有很多差别。

施工与验收阶段：验收与中国相差不大，要求很严格，需严格遵守验收规范。当地无专门的质量验收部门，过程验收由顾问完成，工程竣工后验收竣工资料交由顾问公司保管。

五、本项目中国标准应用情况

本项目未采用中国标准，在当地需要业主及设计院、监理顾问公司等全部认可后方可实施中国标准，本项目的设计院和监理顾问未曾了解过中国标准。

建筑材料需要提交详细的技术说明和使用说明，重要材料均由供应商和分包商提供担保。受当地试验条件影响，除结构材料外，其他材料一般不进行现场抽检复验。结构施工方面对于施工缝留设的图纸和现场处理做法、混凝土保护层检查、质量缺陷修补等要求非常严格，钢筋现场按根数进行核对。

斯里兰卡除部分援建项目和中国投资商建设项目外，几乎很少使用中国标准。对于公开招标类的施工总承包项目，工程标准在设计阶段就已经确定，英国标准在国际承包商中具有较高的认可度，应用普遍，中方目前承接的项目均采用英国标准。但在EPC和DB类项目中，中国标准正被重点推广，以满足一般投资商对于降低工程成本的需要。中国企业同时将中国钢筋平法图集的英文译本赠送当地设计院和顾问工程师，让他们尽可能多地了解中国标准。

设计图纸及清单在投标阶段若已经定为按照英标实施，便只能依据英标体系进行投标算量等。本项目土建标准按照英标执行。如想推行中国认证的产品，可在EPC、DB类项目尝试。

六、采用中国标准与采用他国标准的比较分析

（一）项目所在国对采用国外标准的规定

斯里兰卡属于英联邦国家，有自己国家的施工标准，标准内容主要参考英国标准编写，对于国家未单独编写成册的施工标准，一般按照相应的英国标准执行。在设计规范方面不同的设计院有不同的要求，主要以英国设计标准为准，部分采用欧洲设计标准，对于部分特殊专业和设计计算也会参照澳大利亚标准或者美国标准。由于没有审图机构和质量监督机构，工程管理单位和设计院在规范选择上有较大的自主权，每个施工项目往往有专门的施工规范，且其合同效力会超过图纸和清单中的技术要求。

（二）推动中国工程建设标准国际化存在的困难和问题

本项目最大困难在于当地工程师及设计师一直以来接受的是西式教育，他们对英美标准有着很深入的理解和极高的认可度。同时由于语言沟通障碍，很多国外工程师对中国标准虽然感兴趣，但是在市场上很难找到翻译准确、价格合理的中国标准译本，这就造成中国标准在国际市场上普及程度较低。

在国外，设计院除了需要履行提供设计图纸的义务，还需要对整个施工过程进行设计监理，这与中国设计管理模式有较大的差异。要想承担国际性项目的设计任务，必须与当地设计单位及业主有良好的沟通，并对国际标准、材料和设备有所了解。所以，当地业主会更倾向于邀请新加坡等东南亚设计院进行建筑设计，而由当地建筑设计院负责图纸审核和完成当地政府报批手续。

在结构设计与施工方面采用中国标准同样面临很大阻力，究其原因主要是中国与国外设计院采用的计算软件有所不同，在取值标准、计算模型等方面差异很大。中国大多数设计师由于语言障碍在与国外设计师沟通方案的过程中，很难取得对方的信任。此外，欧英标准对一些结构实体的技术要求与中国标准不同，他们对建筑寿命周期的要求往往为100年到150年，因此当地业主更倾向于使用英国标准。

七、小结

当地业主及设计院未接受中国标准，是中国标准未被采纳的主要原因。首先要让中国标准被普遍接受，才有可能在项目中推行中国标准。对于中国标准国际化有以下建议。

第一，要立足人才培养。高校应重点培养专业技能强、英语水平高的国际化人才，鼓励学生在主要国际性科研杂志上发表论文，同时加强政策引导，吸引国外优秀建筑专业人才赴中国交流学习。

第二，要取长补短，突出优势。组织行业协会及建筑企业对各领域中外标准进行分析对比，在寻找不足的同时更应该对中国标准的主要优势进行提炼。例如中国的钢筋平法图集具备了节点详细、应用简便、经济性高等突出优势，能大大提高结构设计的效率，在降低整体钢筋含量的同时通过加强薄弱点来确保安全系数。只有让世界了解中国标准的优势，才能让中国标准更快、更好地国际化。

第三，要加大宣传力度。大量的中国建筑企业已经走向国际市场，对于EPC、DB、PPP类项目，应该积极做好与业主和工程师的沟通工作，建议其尝试中国标准。在一些学术交流活动中要对中国标准的核心理念及成功案例进行展示，同时印发有关中国标准和施工技术的英文译本，并推广英文版的中国标准计算软件。

第四，推广中国标准应该是一个自上而下的过程，通过政府、行业、协会的推广、交流、合作让国外业主和工程师认可中国标准，才能让中国的设计和中国施工单位走出去，再进一步将中国的设备和材料带出去。

案例 11 马尔代夫住房项目

一、基本信息

1 项目名称

马尔代夫Hulhumale岛1 000套住房项目（一期）和马尔代夫1 500套住房项目（二期）

2 项目所在地

马尔代夫共和国

3 项目所在领域

房屋建筑

4 项目规模

马尔代夫住房项目（一期）1 000套住房，位于Hulhumale岛，总建筑面积75 000m^2。马尔代夫住房项目（二期）1 500套住房，分布于马尔代夫的9个岛屿上，总建筑面积119 675m^2

5 项目起止时间

一期住房项目2011年1月11日—2012年12月11日。二期住房项目2015年5月27日—2017年5月27日

6 结构类型

框架结构

7 建设方

马尔代夫住房与环境部（MHE）

8 设计单位

中机国际工程设计研究院有限责任公司（CMIE）

9 总承包单位

中国机械设备工程股份有限公司（CMEC）

二、项目概况

2009年8月，项目业主马尔代夫住房与环境部（MHE）和中国机械设备工程股份有限公司（CMEC）签订了承建4 000套住宅的谅解备忘录。该项目由中国进出口银行提供优惠贷款，按EPC模式分三期建设，其中一期工程1 000套、二期工程1 500套住房均已按期完工交付。另外，三期工程1 500套正在建设中。

一期住房项目的1 000套住房位于Hulhumale岛，整个小区总建筑面积75 000m^2，由56栋单位建筑组成，每栋建筑均为4层，层高2.9m，其中43栋为两单元，13栋为三单元；每套建筑面积约为74.45m^2。每户功能房间包括起居室、厨房和洗衣机空间、三间卧室（一间主卧两间次卧）、两个卫生间（一个主卫和一个公共卫生间），卫生间洁具配套齐全。

二期住房项目的1 500套住房分布于马尔代夫的9个岛屿，总建筑面积119 675m^2。其中四层单元住宅1 088套，两层单元住宅248套，单层独栋164套，单层和两层单元住宅每套建筑面积约为85m^2、四层单元住宅每套建筑面积约为78m^2。所有1 500套住房每户均包括起居室、厨房和洗衣机空间、三间卧室、三个卫生间，卫生间内洁具配套齐全。项目实景图见图2–11–1~图2–11–3。

三、项目合同中的规定

关于法律法规，合同规定：“本合同应接受马尔代夫共和国的法律管辖和解释。”“设计、承包商文件、施工和竣工工程应符合中国规范和标准。”“雇主将按照等效的马尔代夫国家标准检查和核实承包商提交的基本设计，如果没有永久工程或工程任何部分的安全和耐久性方面的严重不符合，应获得批准。否则，承包商将被要求修改，以符合马尔代夫有关的国家标准。”合同同时约定，由于当地特殊条件和习惯而产生的所有与上述标准矛盾之处，按双方认可的方案执行。

为确保质量，本项目所选用的主要建筑材料和设备根据承包商的决定从中国或其他国家进口。由于当地特殊条件和习惯而产生的一些与上述标准矛盾之处，按双方认可的方案执行。

合同规定，承包商应在详细设计阶段向雇主提交项目设施和修饰工程的详细说明和材料样品。当地对设备材料无认证要求，只要当地市场所售同类产品可替换以及产品功能性达到要求即可。

图2-11-1　马尔代夫Hulhumale岛1 000套住房项目（一期）实景图

图2-11-2　马尔代夫二期住房项目Hulhumale岛四层房屋实景图

图2-11-3　马尔代夫二期住房项目Fuvamulah岛两层房屋实景图

合同约定按照中国规范进行验收，并满足当地使用方对使用功能的要求。项目移交业主后，承包单位要提供两年免费维保服务。

四、项目实施过程与中国工程的差异

尽管在合同中已经要求按照中国规范设计和施工，但是项目在实施过程中充分考虑了当地的特点和习惯做法。

一期和二期住房项目在项目勘察设计阶段特别是在施工图设计过程中坚持遵循马尔代夫当地的习惯做法和管理要求，对原有做法进行了适当的变通，不少做法与按中国标准设计的图纸不同，例如建筑户型设计结合当地人生活习惯和当地气候特点，选择了前后通透的房型，且房间方正。马尔代夫对住宅通风要求比较高，主要的居室要求通风达到15%，卫生间要求达到10%，这都高于中国标准的要求，中方设计公司在设计阶段根据业主的要求进行了调整。

屋顶的设计，按中国的惯常做法一般会做成现浇混凝土的平屋面，但是设计人员赴马尔代夫考察后，收集到的情况是当地建筑采用彩钢板坡屋顶较为常见，也得到当地广泛的认可，因此就定下钢屋面的结构形式，既容易得到业主的认可，也便于用户今后的维修。

卫生洁具的摆放：当地卫生间的做法与中国不同，为了使卫生间的设计尽可能合理化和人性化，中方设计公司将淋浴器、洗脸池、大便器等卫生洁具以及镜子、毛巾架等卫生用具的位置做了反复比对，力求更好地方便住户使用。

本项目很多细部设计及大样做法可以选用中国标准或者中方地方标准图集，但是这些标准图集没有对应的英文版本，因此本项目所有的细部节点，都要在图纸中表达。

对配电、照明的要求：马尔代夫的《马累和其他岛屿供电条例》对插座回路的要求为配线采用2.5mm^{2}可接2个插座。而中国规范及通常做法为配线采用4mm^{2}可接不超过10个插座。《马累和其他岛屿供电条例》里对照明回路的要求为配线采用1.5mm^{2}最多可接6盏灯或5盏灯另加一台风扇，负荷不超过500W。而中国规范及通常做法为配线采用2.5mm^{2}可接不超过25盏灯。马尔代夫当地的要求会造成用户开关箱内出线断路器增多，出线回路增加，但中方严格遵循马方规定。

对电线颜色的要求：《马累和其他岛屿供电条例》规定单相布线中，火线为红色，N线为黑色，PE线为绿色或黄绿相间；三相布线中，第一相为红色，第二相为黄色，第三相为蓝色。这些要求与中国的电线颜色用法不一样。

在施工和验收阶段：需要充分考虑到当地材料和施工机械设备的极度匮乏，以及当地劳动力施工的习惯做法，在保证工程施工质量和安全的前提下，大力培训当地工人使用从中国采购的施工材料和设备。同时，项目也遵循了当地的习惯做法，例如关于电气照明接线的当地特殊要求，电线布线时不得采用铰接方式，所有接线应从终端返回或中途增设接线端子进行分支，比按照中国标准设计的图纸增加了大量的电线。由于遵守了当地规定，项目竣工后很快通过了当地电力局组织的专项验收。

五、本项目中国标准应用情况

本项目建筑、结构、给排水、电气各专业全部采用中国现行设计规范和标准。项目采用中国标准的途径主要是：第一，在与业主签订的EPC合同中明确设计、施工等采用中国标准；第二，积极向业主推荐采用中国标准的材料。本项目各个专业设计均执行中国现行设计规范，仅在涉及结构安全与耐久度问题时，业主方提出需同时满足欧美规范要求。

本项目采用中国标准与国外相关标准的差异主要在以下几个方面。

结构计算方面：在结构计算时存在所采用计算软件不一致的问题。在本项目中，通过外方认可的国际通用计算软件进行复核，满足要求时可以视为等效。

施工工艺方面：以地面砖铺贴施工为例，按中国标准地面施工工艺有干铺法和湿铺法，该项目采用了较为普遍的干铺法，而当地标准中仅有湿铺法。

施工标准方面：以户内电路接线方式为例，中国标准允许在回路中对电线以铰接形式连接，而当地标准要求单个回路中的电线不得进行铰接，且只能在接线盒位置以接线柱形式连接。

材料性能指标方面：以电线为例，中国标准一般采用单股电线，而当地标准仅允许使用多股电线。

欧美结构规范中部分安全度要求高于中国，大部分的最低构造要求也高于中国。在使用中国标准的过程中，主要遇到以下问题：

楼板厚度问题：欧美规范要求的楼板最小厚度均高于中国。依据中国标准，该项目的楼板设计厚度确定为110mm，而当地采用的英国标准为130mm。中方通过与业主召开技术协调会，对结构计算进行复核，对中国标准的相关内容进行解释，列举中国采用同类标准的各类建筑设计方案并实地考察，让业主了解中国标准有着广泛的实践经验，能够确保结构的可靠性。最终，业主同意并批准了原设计方案。

防雷设计标准问题：在一期项目执行过程中，当地电力部门提出了防雷设计不符合当地规范要求的问题，主要体现在以下两个方面：第一，金属屋面是否能作为防雷接闪器；第二，等电位与防雷接地是否能共用接地装置。在征求中国专家和设计人员意见后，中方坚持沿用原设计方案，并尽一切努力与当地电力主管部门沟通解决。中方认为该项目防雷设计依据为中国国家标准《建筑物防雷设计规范》GB 50057-2010，该标准是参照国际电工委员会（IEC）标准制定的，其相关规定也符合IEC标准的要求。而马尔代夫所采用的标准规范是依据新加坡《电气安装操作规范》（CP5）编制的，其优先性不应高于IEC标准。

项目团队认真研究并收集了IEC标准中有关的内容，结合原设计方案所涉及的中国标准，对上述问题分别予以说明，经过多次沟通和论证，当地电力主管部门批准了原设计方案。

由于中国结构设计规范在满足结构安全的前提下相对更注重对经济性的把控，无疑更加有利于整个项目的成本控制。以上述楼板厚度的问题为例，对承包商而言，采用中国标准在满足结构功能性要求的前提下，直接节省了项目的施工成本。

项目合同中对认证标准没有明确要求。从国产材料报验审批情况来看，业主对符合中国认证标准的产品是接受的，但主要还是从样品质量方面来决定。马尔代夫方面对于中国相关品牌和行业规范还是比较认可的。

在同等条件下，境外工程业主监理和工程师偏向认可欧美标准，一般会把中国标准的结果用欧美标准重新验证，符合欧美标准方才通过。若中国标准有特殊规定，能够出示英文版标准，业主也能接受。从马尔代夫、赤道几内亚、斯里兰卡等国家的项目来看，外方对中国标准基本上是认可的。

经过一期与二期两个大型住宅项目的合作，马尔代夫方面对于中国在建筑设计方面的水平也是高度认可的。

六、采用中国标准与采用他国标准的比较分析

（一）项目所在国对采用国外标准的规定

马尔代夫对外开放时间较短，目前还没有成体系的建筑设计规范，也没有针对采用国外标准的具体规定。

（二）推动中国工程建设标准国际化存在的困难和问题

项目所在国马尔代夫是英联邦国家，采用的工程技术标准主要为英国标准，业主工程师和监理工程师普遍都有英联邦国家留学经历，但对中国标准完全不了解。因此，中方在合同签订阶段很难争取到采用中国标准，即使合同明确了采用中国标准，在实际执行过程中也会存在问题。

另外在材料方面，主要取决于既有市场因素。如电气材料主要为英国标准，给排水管材管件主要为泰国标准，其他装饰性材料有着多种标准产品并存的情况。在当地市场无同类产品，不能保证可替换性的情况下，业主很难接受其他标准的设备材料。

（三）社会和环境的影响

项目前期考察是设计的重要条件，考察时间往往很短，需要完成的资料收集内容很多，当地气候资料、产品使用习惯以及当地价格、当地执行的标准等都对后期的设计起到至关重要的作用。马尔代夫是一个岛国，有很多当地的特殊条件和做法，在与业主人员交流过程中，中方随时向他们介绍中国的设计和施工验收规范，针对一些具体问题及时向他们提供中方的解决方案，通过看资料、看实物等多渠道加强沟通交流，取得他们的理解和支持。

在项目的整个执行过程中，设计按中国标准进行设计，并参考了当地的使用习惯，然而在产品的采购中，有很大一部分还是根据当地习惯，当地无法购买的则采购了国外产品，如给排水管材、塑料阀门、塑料龙头、塑料水嘴、加压设备等。从产品的技术性能等方面来讲，中国很多产品实际上优于当地使用产品。

七、小结

本项目经过一期和二期实施，在采用中国标准进行设计和施工方面的成功经验如下：第一，海外项目的设计比起中方平常的施工图设计需要更加细化，必须和实际的工程施工结合起来，既要满足当地的风俗习惯，又要符合相关规范的要求，并且体现大国的技术水平。第二，海外项目工程量的精准计算也是项目成败的要点，需要结合当地的工程建设情况选择恰当的工程材料和结构体系。第三，应采用设计总包的形式，设计指导采购、施工、验收全过程。

在国际工程中业主一般要求土建和材料执行中国标准以外的国际标准，并对相关计算软件、材料的资质认证有详细和具体的要求。目前的境外工程设计采用的都是中国标准，但是，业主方审查时会要求结构安全等重要部位和关键点同时满足所在国执行的设计标准。有效方法是有条件地接受业主要求，尽量争取采用中国标准，并用欧美标准进行复核。还可聘请当地设计咨询公司将中方图纸转换成满足业主技术要求和当地施工单位熟悉的表示方法。但是，如果与当地技术标准或通常做法严重相悖，采用中国标准的设计方案往往很难被采纳。

目前中国大部分标准仅仅对规范名、目录和术语做了翻译，规范正文一般没有翻译，部分规范在外文出版社有少量英文单行本。限于中国工程师的语言能力，基本上无法准确熟练地同外方交流沟通中国标准的有关内容，严重限制了中国标准走出去。为此提出如下建议：

中国标准应同时发行中英文版，并可公开下载和浏览，方便中国工程师与外方沟通交流。同时，加大对美标、英标、欧标中有关工程主要设计标准进行研究的投入和力度。加强对从事境外项目的设计技术人员对美标、英标、欧标的学习、培训。可聘请项目所在地工程师参与设计，或委托当地设计咨询企业对设计文件进行标准转化。

案例 12　安哥拉社会住房 Kilamba Kiaxi 一期工程项目

一、基本信息

1 项目名称

安哥拉社会住房Kilamba Kiaxi一期工程（以下简称K.K.项目）

2 项目所在地

安哥拉罗安达Kilamba市

3 项目所在领域

房屋建筑

4 项目规模

新建住房新城20 002套，总建筑面积3 300 000m^2

5 项目起止时间

2007年11月—2012年10月

6 结构类型

G+4户型为砖混结构，其余户型为框架结构

7 建设方

安哥拉重建委、安哥拉石油公司

8 咨询单位

葡萄牙TPF公司、英国阿特金斯集团等

9 设计单位

北京城建设计发展集团股份有限公司（机械工业勘察设计研究院有限公司作为设计分包单位，负责勘测专业）

10 总承包单位

中信建设有限责任公司

二、项目概况

安哥拉自2002年结束内战以来，百废待兴。首都罗安达经过战后几年的高速发展，住房问题逐渐凸显。安哥拉重建委选定首都罗安达南郊的Kilamba Kiaxi地区建设一座现代化新城，并为该项目向全球招标。2007年11月，项目总承包方中信建设以35亿美元的价格竞得安哥拉社会住房项目K.K.一期工程合同，该项目是当年中国企业在海外承揽的最大金额的EPC项目。

项目从勘察设计到材料、通信、施工、验收，全部采用中国标准。该项目已经成为安哥拉乃至非洲的房建样板项目，多位党和国家领导人及非洲国家领导人先后亲临项目现场视察。目前该项目已全面建成，入住率超过90%。由于项目地段优越、配套完善、质量过硬，加之价格远低于自建房，因此广受罗安达中产阶级欢迎，甚至出现一房难求的状况，项目还带动了Kilamba Kiaxi周边区域的整体经济发展。K.K.项目总体效果见图2–12–1、图2–12–2。

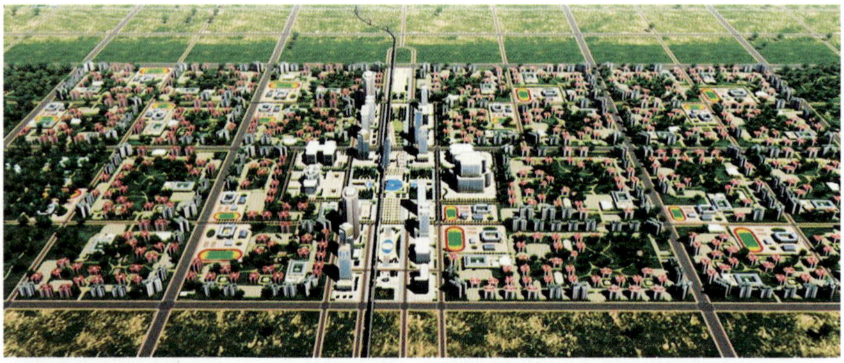

图2–12–1　K.K.项目总体效果图

图2–12–2　K.K.项目局部鸟瞰

三、项目合同中的规定

本项目遵循安哥拉本地建筑法规，分包单位资质由总包方审核，安哥拉政府不作要求。要求本地雇工须达到一定比例，安全、质量、环保、健康等均执行中国标准，但应符合安哥拉法律法规要求。合同规定采用中国标准，并认可中国认证，无须获得国际认证或当地认证要求。对设备、材料的采购均执行中国标准，当地对设备、材料无认证要求。

合同规定，总包方在项目执行过程中建设的砖厂、农场等场站项目，在总包方使用一定时间后，应无偿移交给安方，且总包方承诺为安方建设一所职业技能培训学校。目前该学校已建设，由总包方负责运营，已为当地培训并输送了一大批职业技能人才。验收、移交有专门方案，运维前期由总包方负责。

四、项目实施过程与中国工程的差异

勘察设计阶段：尽管合同规定按照中国规范设计，但需要充分考虑当地的使用习惯和气候特点。安哥拉为大西洋沿海国家，盐雾重，紫外线强烈，四季炎热阳光充足，雨季伴有暴雨，地层为水敏性砂土质。除了需要考虑地基处理之外，还需要重点考虑材料防腐防盐雾性能、建筑物遮阳、屋面排水等问题。

施工与验收阶段：施工过程中需要充分考虑到当地人材机的匮乏，在人材机基本依靠进口的前提下，需要充分考虑材料的运输时间、施工方案在当地的可行性和劳动力的保证。人员工作签证要提前三个月准备，建筑材料全部从中国进口清关海运需要2个月。当地工人缺乏技工，基本以力工、普工为主，技术工人以中国工人为主。

竣工验收前，需要对当地业主进行移交培训。该项工作与中国工程最大的区别是，所有培训需要以葡语进行沟通。当地人员的知识水平较低，大大增加了培训难度，降低了培训效果。此外，对外移交均须使用葡文。

五、本项目中国标准应用情况

该项目全部采用中国标准。部分材料涉及对外接口如插座面板、市政水电接口、消防接口等按照当地标准配置。

在采用中国标准的过程中，由中方提供相关图纸的英（葡）文版，报当地市政府工程规划部，经过当地指定的业主工程师审核后才能通过审批。施工过程中外方委派专业监理工程师对项目施工全过程进行了监督和检查。

本项目基本按照中国规范执行。安哥拉属于沿海高盐雾、昼夜温差较大地区，因此设计和施工必须考虑温缩裂缝和防腐蚀问题，其水电接口、消防等需要参照当地常用的欧洲标准。

中国标准在应用过程中遇到的问题主要为部分勘察设计标准的适用性。由于中国勘察设计标准有比较强的地域适用性，某些标准在非洲“水土不服”，比如，《湿陷性黄土地区建筑规范》GB 50025适用于中国西北黄土地区，但并不适用于安哥拉湿陷性红砂土。为此，项目人员在K.K.项目场地进行了一系列试验、研究，包括足尺模型试验、大型试坑浸水试验等，获得大量科研数据，并验证了K.K.项目地基处理方式的适用性、正确性。

作为中国企业，采用中国标准可以降低项目报价、成本控制、进度质量控制方面的难度，同时带动中国标准国际化。但另一方面，由于业主方对中国标准并不熟悉，因此沟通、接受度等方面是采用中国标准的难点所在，要花较大的力气与业主进行沟通、解释，甚至带业主到中国参观学习访问，通过多种形式打消业主的疑虑，并最终以质量证明自己。

本项目执行过程中，由于合同规定，业主工程师基本认同中国企业采用的认证标准，但欧美咨询设计公司不认可中国认证，若非业主认可或合同规定，国外一般不太能接受中国认证。

安哥拉社会住房K.K.一期工程项目实施过程中，安方业主或业主工程师也经历了对中国标准从开始的不信任、疑虑，到眼见为实、肯定的过程。通过设计人员与业主工程师不断沟通交流、解答疑虑，总包方带领业主到中国参观产品加工流程、中国先进建筑等方式，外方逐步接受了中国规范和标准。最终业主对项目十分满意，将项目比喻为“非洲的明珠工程”。

六、采用中国标准与采用他国标准的比较分析

（一）项目所在国对采用国外标准的规定

项目所在国安哥拉并无国家标准，对具体的工程建设项目应采用哪种标准并无硬性

规定。在实践中，对各项目采用的标准不作要求，一个项目的不同子项也有采用不同标准的情况。具体到项目采用哪种标准，主要由投资和总包合同规定。

（二）东道国的特殊规定

本项目采用中国标准，在施工过程中，中方主要面对的是当地的税务法规和劳工法规，当地劳工保障体系与中国基本一致，也需要由总包方负担当地员工部分比例的社会保险及意外保险费用，当地工人享受当地节假日。同时当地有关部门会不定期检查现场当地劳工的劳防用品及待遇状况。

七、小结

在进行安哥拉K.K.一期项目的勘察时，因为使用的是中国标准，因此监理对中国规范进行了一定的审查，在勘察方面主要对地基处理方法提出过质疑，经大量现场试验最终验证工程采用的地基方案是安全有效的。其他主合同采用欧标或美标的项目，勘测也只能依据主合同规定的标准进行，因为这些监理工程师接受的大多是西式教育，他们对中国标准并无深入研究，不认可中国标准。

在安哥拉住房项目设计方面，业主监理对中国标准（设计）并无太多异议，只是由于每个国家的文化和风俗不同，在设计中需要考虑的人文因素较多，如安哥拉采用的不是天然气，报警系统装置的安装就不能采用中国标准。同时中国标准在某些方面并未走在国际标准前列，部分设计标准还有待提高。

中国投融资的项目便于推进中国标准的国际化，在发展中国家便于推进中国设计和标准。中国标准走出去需要设计引领，需要项目支撑。建议组建专门的国际化设计团队，结合项目分工合作，以项目为依托先走出去，然后通过项目慢慢渗透，再走进去，因地制宜，属地化设计是趋势。

建议今后中国标准的发布除了汉语版以外，还应有官方英文版或者同时发布官方的中英文对照版。

案例 13　吉隆坡生态城酒店项目

一、基本信息

1 项目名称

吉隆坡生态城酒店

2 建设地点

马来西亚吉隆坡

3 设计时间

2016年7月

4 施工单位

中建南洋（马来西亚）有限公司

5 总建筑面积

72 662m²

6 结构类别

框架剪力墙结构

7 项目起止时间

2017年2月16日—2020年5月30日

二、项目概况

吉隆坡生态城酒店项目位于吉隆坡黄金地段“谷中城”附近，由马来西亚最大的发展商SPSetia发展，分别由顾问公司GDPARCHITECTS、T.Y.LININTER NATIONAL、J.ROGER PRESTON（MALAYSIA）负责建筑、结构及机电设计。整个项目占地面积约1 776m^2，总建筑面积约72 662m^2，包括1栋43层的4星级酒店及公寓塔楼、3层地下车库、7层地上车库，屋顶游泳池及其他公共服务设施，共326套公寓住宅，252套酒店房间。合同工期从2017年2月16日至2020年2月16日，共36个月，由于设计变更，工期延至2020年5月30日。项目整体外观效果图见图2-13-1。

本项目的酒店部分为精装修，合同包括所有的室内装饰完成面，由于该项目是发展商的第一家四星级酒店项目，业主和设计师对质量的要求非常高。酒店室内装饰效果图见图2-13-2。

图2-13-1　整体外观效果图

图2-13-2　酒店室内装饰效果图

三、项目合同中的规定

本项目采取了固定总价合同的合约形式，合同构架为马来西亚特有合同：PAM Contract 2006，这种合约模式对总包投标时的要求很高，需要仔细检查各类投标图纸详图以及规范的要求。标书上的数量只是指导，标书上没有明确但图纸上有涉及的必须按图施工并且不可索赔额外费用。

本项目采用马来西亚当地标准和英国标准。所有的建筑材料进入马来西亚需要拿到房屋建筑局（CIDB）的资格认证才可以使用。CIDB是马来西亚520法案中赋予对建筑产品质量进行监管的执法部门，通过签发批准证书（Certificate of Approval，简称COA）对强制认证的产品执行马来西亚标准以确保其符合标准要求，对于自愿性认证产品则无此要求。

根据认证的有效期，马来西亚建材产品的强制认证分为两种：一种是全类型型式检测报告（Full Type Testing Report，简称FTTR），有效期为自签发之日起6个月，有效期内只能出口申请时呈报的数量的物资，适用于单次出口且出口量较小的企业，认证周期短（约1个月）、费用低且无须马来西亚专家到中国验厂。另一种是产品认证（Product Certification，简称PC），有效期1年，有效期内产品出口数量无限制，适用于出口量较大或出口频次较多的企业，认证周期长（约3~6个月），费用较高，且需要马来西亚专家到中国验厂。

项目需遵守CIDB针对标准化施工方法制定的建筑行业标准（CIS），该标准涵盖建筑领域的众多领域，如国家中等成本住房、质量、安全和健康、智能建筑系统（IBS）、木材屋架的处理等。

四、项目实施过程与中国工程的差异

马来西亚的施工技术还是停留在传统施工阶段，数字信息化和高新技术的采用很少，大部分图纸的协调还停留在2D阶段，日常办公也是用实体的纸张图纸，效率比较低下。本项目在图纸设计协调时采用了3D的BIM建模技术，分别对结构、机电、装修工程建模并汇总，可以很直观地发现图纸中的问题，提前解决这些问题将确保实际施工可以一次性准确完成。

五、采用中国标准与采用他国标准的比较分析

（一）项目所在国对采用国外标准的规定

马来西亚采用的标准主要有本土国家标准和国家等效采用的国际标准两大类。前者采用“MS”作为特征码，后者采用“MS+国际标准特征码”作为标准特征码，编号与国际标准编号完全一致。马来西亚标准是自愿性的，但被法规引用的标准是要求强制性执行的，整个标准体系基本与国际接轨。

推荐性标准可供政府和私人企业采用，用于生产和商务贸易的工业与贸易性组织可自愿采用该标准，管理部门可以提出采纳这些标准的强制性规定，同时，管理部门既可以发布他们自定的规定标准，也可以完全采纳国家标准或在规定中采纳部分国家标准。

（二）项目应用他国标准情况梳理

马来西亚习惯采用英标，各个顾问设计公司也是按照英标编制他们的标准。在结构设计方面专业设计师的认证计算书都需要按照英标才可以得到政府部门的批准。所以，在马来西亚推广中国标准的难度很大。

六、小结

由于在装修设计标准上马来西亚标准与中国标准并没有大的差异，所以中方正在积极地推动使用中国制造的一些装饰材料及工艺。这些建筑材料只要能够满足设计师的性能参数要求，就都可以使用，并且在运输速度以及成本上都有利于项目的运作。例如本项目临时施工使用的五金材料大多来自中国，大部分的瓷砖和花岗岩也是从中国发货过来。此外项目还引进了两家中国的企业参与项目施工，分别是负责玻璃幕墙窗户的兴业工程有限公司和负责室内精装修的中建装饰公司，原材料和加工厂都设在中国，在中国生产后海运到吉隆坡，中国工厂加工速度快、质量高，大大推进了工程施工进度。

近年来部分中国知名房地产开发商进入马来西亚市场，更有利于推动中国工程建设标准国际化。当然，这还需要一段磨合时期，某些中国标准的条款和英国标准需要调整对接，慢慢得到市场认可。建议中资设计顾问公司可抓住机会进入这个市场。设计顾问公司进入外国市场的难点之一在于国外要求设计单位至少要有一名有当地设计资质的设计师，建议可以采取收购当地设计公司的做法来解决此问题。这样可以更好地在系统内合作并和整个产业链一起配合推动中国工程建设标准国际化。

案例 14

沙特延布皇家委员会总部办公大楼项目

一、基本信息

1. 项目名称

   沙特延布皇家委员会总部办公大楼

2. 建设地点

   沙特延布市

3. 设计时间

   2010年

4. 施工单位

   北京建工集团

5. 建筑面积

   123 000m^2

6. 结构类别

   钢筋混凝土和钢结构框架

7. 竣工时间

   2019年

二、项目概况

延布皇家委员会总部办公大楼项目位于沙特西海岸的新兴石化工业城延布，办公楼坐落在三条主路的交会处，背靠红海，建成后将成为延布的地标性建筑。项目总占地面积为50 000m^2，建筑面积123 000m^2，包括一座20层的办公楼、一座9层的裙房和2层车库三个部分；办公楼结构形式是核心筒为钢筋混凝土结构，其他为钢结构；裙房结构形式是钢筋混凝土框架核心筒结构；车库结构形式是钢筋混凝土板柱体系。

本工程结构复杂，地下结构建筑面积大，主体结构为框架剪力墙、钢结构穿插，建筑装饰装修标准较高，外立面造型多样，对施工组织与项目管理的要求高。项目施工现场及项目钢结构部分见图2-14-1、图2-14-2。

图2-14-1　项目施工现场

图2-14-2　项目钢结构部分

三、项目合同中的规定

根据沙特政府规定，承包商不得从国外直接进口实施合同所需要的工具和设备，只能从沙特的中国代理商处购买，必须优先购买沙特当地产品。承包商还必须从沙特当地机构获得运输、保险、银行、租赁土地、进口食品等方面的服务。在确认外国承包商已经履行上述法律法规之前，沙特业主不得支付工程预付款和50%以上的合同款。

本项目钢结构主材和辅材主要采用美国标准和欧洲标准。执行的标准有：美国材料与试验协会（ASTM）、美国国家标准协会（ANSI）、美国钢结构建筑协会（AISC）、美国钢结构焊接协会（AWS）及美国钢结构油漆协会（SSPC）标准。执行的合同技术规范为：01340（装配图/施工图、材料、样品及杂项的提交）、01400（质量控制）、05120

（钢结构）、05300（金属铺板）、05500（金属制品）、09906（涂层）等。

沙特标准、计量和质量局（SASO）认证产品类别有：空调、制冷设备、采暖设备；电池；化妆品；玩具；压缩机及风扇；家用电子电器设备；建筑产品、涂料等。

自2018年1月1日起，沙特标准、计量和质量局（SASO）执行的现行合格评定计划SASO认证将逐步由沙特产品安全项目SALEEM（Saudi Product Safety Program）替代。新的SALEEM认证包含两个模块，分别为产品合格认证（Product CoC）和装船合格认证（Shipment CoC）。

SALEEM认证中，产品可分为以下几类：建筑产品、化学产品、机械和其他。每个产品对应的风险等级分为高、中、低三级。哪种产品属于哪种风险等级（高、中、低）、适用于哪个技术规范由产品对应的海关关税代码（HS Codes）决定。

四、本项目中国标准应用情况

本项目以使用中国标准生产的钢材和产品代替美国标准生产的钢材和产品：

GB Q345B代替ASTM A36（钢板）；

GB 20代替ASTM A53B（钢管）；

GB Q345B代替ASTM A500B（钢板卷板焊接组拼钢管）；

GB 8.8级代替ASTM A325（高强螺栓）；

GB 10.9级代替ASTM A490（高强螺栓）；

GB Q235B代替ASTM A653（压型钢板）；

GB E50XX代替AWS A5.1 E70XX（焊条）；

GB/T 6478 M15L代替ASTM A449（栓钉）；

GB M12 4.8级代替M12 ASTM A307（普通螺栓）；

国标焊接箱型构件代替美标双轧制H型钢拼接组合构件；

国标热轧型钢、焊接H型钢代替美标和欧标的热轧型钢。

五、采用中国标准与采用他国标准的比较分析

（一）项目所在国对采用国外标准的规定

用中国标准生产的钢材和产品代替美国标准生产的钢材和产品的文件递交程序共八

个步骤。

同时，材料替换还需要遵循下列三个原则：

第一，替换后的材料的化学成分必须和原来的相似，如碳、硫、磷等的比例；

第二，替换后的材料必须和原来的材料力学性能相似，如抗拉强度和屈服强度；

第三，替换后的材料与原来的材料截面几何性质必须相似。

（二）项目应用他国标准情况梳理

目前中国企业主要采用设计、施工和设备总承包模式承建房屋、路桥、机场、发电厂等国外工程，而且大多沿用中国的施工标准，而项目业主经常直接聘请欧美的监理公司，即使是项目所在国的本土监理也都是接受的美标和欧标培训。这些监理公司和人员执行的都是美国标准和欧洲标准，对中国标准不熟悉。

而中国标准和国际标准常常出现不兼容的情况。在经济全球化进程中，国际工程承包市场竞争愈加激烈，如何使中国标准与国际标准相衔接，成为摆在中国企业面前亟待解决的问题。

（三）东道国的特殊规定

从本项目的投标过程看，沙特评标比较偏重价格，一般情况下低价中标，中资企业应在投（议）标中掌握报价的尺度，把握工程成本的底线。

沙特籍公司或沙特方面投资的合营公司享有优先中标权。对于朱贝勒（Jubail）等工业城项目，政府规定必须由产权为100%的沙特公司承担，在找不到合适的沙特公司的情况下，才能将工程授予外国公司。

六、小结

中国标准在国际工程的应用还存在以下问题：

（1）工程总承包合同专项条款约定采用中国技术标准时，与菲迪克（FIDIC）EPC合同条件，二者在叙述上存在着主次需满足的要求。

在FIDIC合同条件5.4技术标准和法规中明确规定：“设计、承包商文件、施工和竣工，均应符合工程所在国的技术标准、建筑、施工与环境方面的法律、适用于工程将生产的产品的法律，以及业主要求中提出的适用于工程、或适用法律规定的其他标准”，这对于承包商在实际操作上存在着挑战，既要符合中国技术标准和规范，又要满足工程所在国的技术标准以及施工与环境方面的法律。在进行材料替换前需要进行大量准备工作，让业主和管理公司接受主张，并形成法律文件确认完成材料替换的过程。

（2）中国标准普遍缺乏英文版本，与业主代表沟通困难，特别是在初步设计阶段和详细设计（施工图设计）阶段。

（3）中方设计人员不熟悉合同和所在国家强制性法规。

（4）中国设计习惯与欧美设计习惯存在差异，中方设计人员在设计中选用标准图集，欧美设计人员习惯于将相关文件汇集在一套图纸中表示。

综上所述，作为国际承包商，要打开海外市场，必须有过硬的国际化技术，有凝聚力强的专业团队，有融入当地的生存本领，这对中国企业的技术实力和水平提出了相应的要求。此外，还应掌握美国标准或英国标准的设计及施工相关规范，并熟知当地政府制定的规范与条例；能够将中国标准与美国标准、英国标准等相关技术规范要求相结合；技术团队应中、外籍员工相结合，优势互补，团结协作；对国际建设领域的先进技术及科研成果应有战略性眼光，在介入和应用上有前瞻性。只有这样才能顺利完成设计、施工和设备总承包工程，为中国标准的输出奠定基础。

中国标准要想在国外应用得当，应采取如下应对措施：

（1）熟悉合同文件、规范标准，了解当地相关法律法规。

（2）解决中国设计院的设计与当地规范接轨的问题。

（3）在由初步设计阶段进入详细设计（施工图设计）阶段时，设计人员与业主代表或咨询工程师应面对面提出并解决问题，随即画图修改，并在外方离境前或当天签署相关会议纪要和备忘录文件。

（4）将中国标准翻译成英文版。

（5）主动与业主和咨询（监理）工程师定期交流、沟通。

（6）培育复合型设计、施工及项目管理团队。

（7）项目选择合适的设计合作人员至关重要，设计输入的及时和准确是保证设计标准和制约整体设计进度的关键因素。作为项目总承包商，要充分发挥整体协调优势，当好设计单位和业主、工程咨询公司之间、设计单位与设备厂家之间的信息中心枢纽，与各方建立规范、有序、畅通的项目信息渠道，组织设备厂家等有关各方为设计院提供及时和准确的设计输入标准。

案例 15 阿联酋迪拜天阁综合居住区项目

一、基本信息

1. 项目名称

   阿联酋迪拜天阁综合居住区

2. 建设地点

   阿联酋迪拜市

3. 施工单位

   中建中东有限责任公司

4. 建筑面积

   416 000m^2

5. 结构类别

   钢筋混凝土框剪结构

6. 竣工时间

   2011年2月

二、项目概况

天阁综合居住区项目（英文名称：Sky Courts）毗邻迪拜大学城与地球村游乐场。项目建设单位是阿联酋国家地产公司，工程设计与监理单位是LACASA建筑顾问公司，施工单位是中建中东有限责任公司。项目占地约40 000m^2，建筑面积为416 000m^2，合同金额3.65亿美元。包含地下1层、地面层、地上3层裙楼的停车场与各种配套设施、地上21层住宅，建筑总高91.85m。项目开发定位为高档综合居住区，含2 836套精装修住宅、户外游泳池、健身房、4 000个停车位、园林景观、儿童游乐场、超市、餐饮及其他生活配套设施等。

项目结构采用钢筋混凝土筏板基础，混凝土筏板厚度为2.5m。竖向结构采用钢筋混凝土框剪结构，楼板采用后张法有黏结预应力楼板。项目采用市政冷水为冷源的中央空调系统，共有24部客梯、1部货梯、6部消防电梯，消防系统包括火灾报警系统、自动喷水系统、消火栓系统、防排烟系统、气体灭火系统等，在弱电系统方面有电视电话系统、安全监控系统、楼宇自动化系统等。项目立面图见图2-15-1。

图2-15-1　项目立面图

三、项目合同中的规定

根据阿联酋政府的规定，外国公司在阿联酋开展承包工程业务必须事先办理公司注册登记，取得营业执照并加入当地工商协会成为正式会员。阿联酋工程项目分为路桥、房建、大型土木、电力、供水、排水、机电和农业等八个大类，每大类又包含若干工程项目。承包公司需首先确定申报哪一类，相应的工程技术人员和公司业绩都要在这一大类的范围之内，如公司申报路桥大类，申报的工程技术人员必须是路桥方面的工程师，公司业绩也在路桥方面。一家大型的公司可以同时申请几个大类。如果承包公司申报“阿联酋工程项目分类表”以外的工程资质等级，则须向有关主管部门另行申请。

本项目采用英国标准配合当地标准进行施工。阿联酋质量标志是授予某些产品的特殊标志，证明携带该标志的产品符合核定标准，且其生产系统符合阿联酋标准化与计量局（ESMA）规定的其他要求。核定标准主要由ESMA批准。该质量标志是自愿性的。认证产品类别有家用电器、粮食、玩具、化妆品、洗涤剂、建筑材料（水泥）、润滑油、涂料、电线电缆等。

四、项目实施过程与中国工程的差异

海外项目施工图分为设计单位提供的施工图纸和施工单位准备的施工详图，设计单位提供的施工图纸不能直接用于施工，承包商能否及时保质地完成施工详图设计工作并获得监理批准是项目难点之一。对此，中方施工单位组织各专业技术人员对图纸进行综合会审以便及时查出图纸的不足之处，通过与设计单位的设计协调会及向监理单位申报信息咨询（RFI）获得相关技术信息后再进行深化设计，设计完成后及时报监理单位批准并动态跟踪审核情况，由专人负责与监理公司协调，保证各项施工详图设计工作按时保质的获得监理批准。

五、采用中国标准与采用他国标准的比较分析

（一）推动中国工程建设标准国际化存在的困难和问题

此项目均采用英国标准配合当地标准进行施工，中建中东公司在此项目中的角色是施工单位，施工标准由业主和咨询公司制定。因此，作为施工单位，中方有一定的局限性，难以掌控项目的标准使用。

从目前情况来看，阿联酋未来仍然会以欧美标准为主，如果需要考虑其他国家的标准规范（如中国国标），首先要解决的是如何改变其政府部门的思维习惯，而这样的改

变可能需要通过外交或者持续提高中国的国际影响力来实现，单纯通过某一项目来推进不太现实。

（二）东道国的特殊规定

阿联酋政府为维护本国的利益和扶持当地的承包商，实行一系列的保护主义政策，增加了外国公司在阿联酋经营的难度和风险。首先，阿联酋规定外国公司在阿联酋承包工程不享受预付款，必须带资承包。其次，外国公司与当地公司联合承包或作为当地公司的分包商，一般可以争取到一部分预付款，但对于大工程，预付款比例最高仅为5%左右。

六、小结

阿联酋建设施工项目的标准使用与项目的咨询公司有很大关系，目前阿联酋的咨询公司均由外企承担，由于咨询公司对中国标准毫无概念，因此，急需中国的设计咨询公司走出国门，利用设计公司的话语权，带动中国标准的使用，这样更有利于加速中国标准的国际化。

推动中国标准国际化的第一步，是需要让国际工程人员了解中国标准，因此建议中方有关人员更多参加国际性的工程论坛并发表演讲，当国际社会认可中国标准后，再进一步推进。

对此提出以下三点建议：一是建议我国政府与阿联酋政府达成协议，凡中国资金支持的项目即可使用中国标准，由中国投资建设的项目必须采用一定比例的中国产品。并且要将使用中国产品的比例体现在协议中。二是关于中国标准的推广宣传，可以借鉴欧美经验，在阿联酋开办学校，使当地工程人员了解中国标准。三是培养一批熟悉标准、英语优秀的工程标准管理人员，成为推广中国标准的骨干力量。

第3章

轨道交通领域

案例 1 埃塞俄比亚轻轨一期工程项目

一、基本信息

1 项目名称

埃塞俄比亚轻轨一期工程

2 项目所在地

埃塞俄比亚亚的斯亚贝巴市

3 项目所在领域

轨道交通

4 项目规模

线路总长度为31.025km，包括两条线路，41列123辆车

5 项目起止时间

2011年1月—2015年11月

6 建设方

埃塞俄比亚铁路公司

7 咨询单位

瑞典道路工程咨询公司

8 设计单位

中铁二院工程集团有限责任公司

9 总承包单位

中国中铁股份有限公司

二、项目概况

埃塞俄比亚轻轨一期工程位于其首都亚的斯亚贝巴的城市核心区。该项目采用70%低地板现代有轨电车，包括东西线和南北线两条线路，全长31.025km，共设39座车站（其中高架站9座，地面站27座和地下站3座），两处车辆段和一个控制中心。

2009年9月，经业主方组织国际招标，中国中铁股份有限公司与埃塞俄比亚铁路公司签订了该项目的EPC合同，由旗下中铁二院和中铁二局负责勘察设计、施工、设备采购等项目建设工作。合同总价为4.75亿美元。

项目在2012年1月31日正式开工建设，并于2015年2月1日举行试运行仪式，2015年9月20日正式投入商业运营。项目履约情况良好，按期交付。运营初期，最高日客流量达到18万人次，为亚的斯亚贝巴的城市居民出行带来了极大的便利，很好地促进了城市经济的发展。

三、项目合同中的规定

本项目EPC合同规定采用中国标准，在中国标准中没有相关内容规定的情况下，可以采用欧洲标准或其他国际标准。该项目认可中国认证，项目涉及的各类认证满足中国标准即可。其中，在客车方面，合同只对如何验收车辆有规定，业主聘请了埃塞俄比亚当地的咨询机构进行独立第三方安全认证。该项目的设备、材料约有90%是从中国进口的，对于信号系统要求通过认证。当地对设备、材料没有认证要求，接受中国认证，例如，钢轨的认证就是在中国完成的。埃塞俄比亚工业不发达，因此没有当地化采购的要求，所有产品和备件都可由供应商提供。

四、项目实施过程与中国工程的差异

国外的独立第三方认证注重的是设计文件的审核，在方案设计阶段及详细设计阶段就要将验收和考核的项点拆解到各个设计文件中，要求车辆制造商在产品设计、制造、试验各个阶段提供证据，逐步关闭验收项点。

中国的用户一般只注重结果，首列车型式试验通过，车辆就可以验收了。国外的第三方认证则要考虑检修阶段，在设计时要考虑检修成本、检修周期，并体现在验收文件中。

五、中国标准在项目所在国应用情况

埃塞俄比亚车辆产品标准以中国标准结合国际标准化组织（ISO）、国际铁路联盟（UIC）、国际电工委员会（IEC）、欧洲标准（EN）等国际和区域标准为主，也包括德国和日本标准。中国标准主要包括中国国家标准和铁道行业标准，涉及车辆设计、验证各领域。本项目标准清单较为详细完整，中国标准占总标准数量47%。

六、小结

经过四十多年的改革开放，中国经济高速发展，工程建设标准也随之相应提高。例如，中国土建工程采用的钢筋标准、混凝土保护层要求都较埃塞俄比亚更高。设备系统同样存在标准过高的情况。再如，在中国，电扶梯是作为特种设备，在运营期间指定了专门维修保养机构，在验收阶段也有专门的机构进行验收验证。而埃塞俄比亚则没有相应的政府机构进行管理，这很有可能带来后期运营过程中的大量事故。

欧美标准并未深入该国市场，中国标准的技术推广工作还远远不能满足海外项目的需求，主要原因之一是中国标准尚未有大量英文版本，而作为企业并无规范翻译的版权，仅仅能摘录其中一段进行翻译并向业主的监理进行解释。

此外，中国标准更新较慢，尤其是相对于中国的建设速度、技术更新速度而言，更是显得滞后。

当项目所在国没有城轨车辆出口产品的标准体系时，我们可以在当地推广中国的车辆技术和中国城市轨道交通车辆使用标准，帮助其建立标准体系。

中国标准获得国际社会的认可，目前还存在许多问题，可从以下几个方面进一步加强标准国际化工作：健全城市轨道标准体系、提升标准专业化程度、强化标准翻译工作、拓宽标准化交流渠道，等等。

此外，中国必须更多参与国际标准的制定，多进行国际标准的交流，加强国际合作和技术交流，确保在国际标准制定和体系建设中发出中国声音。

案例2 以色列特拉维夫红线轻轨项目

一、基本信息

1. 项目名称

   以色列特拉维夫红线轻轨

2. 项目所在地

   以色列特拉维夫

3. 项目所在领域

   城市轨道交通

4. 项目规模

   正线全长约24km，车站34座，车辆段1处

5. 项目起始时间

   2011年（目前在建中，计划2022年底通车）

6. 建设方

   以色列城市公共交通系统有限公司

7. 咨询单位

   WSP Global Inc

8. 设计单位

   IBI Group（总部位于加拿大）

9. 总承包单位

   中国土木集团、DANYA JV（红线东标段）；中铁隧道集团、SOLEL BONEH JV（红线西标段）

二、项目概况

以色列特拉维夫轻轨系统共规划有8条线路（红线、绿线、粉线、黄线、紫线、蓝线、棕线及橙线），全长220km，总投资约为1 000亿新谢克尔（1新谢克尔≈1.9元人民币）。其中红线正线全长约24km，车站34处，穿越五座城市，分为地面线、地下线、车辆段三大部分。地面车站24座，地下车站10座。地面南段长约8.3km，地下线长约12km，地面东段长约3.7km。另有车辆段1处，车辆段外设置有与以色列铁路换乘车站1座、综合楼1座、重修库和轻修库各1座，以及加砂车间、洗车库等建筑设施，用于后期运营和维护。项目线路图见图3-2-1。

红线从Bat Yam到Petach Tikva，途经特拉维夫、Ramat Gan和Bnei Brak，将成为特拉维夫都会区最为繁忙的交通走廊之一。该交通走廊沿线人口及工作场所密度为以色列之最，建成后将显著改善该市的公共交通。

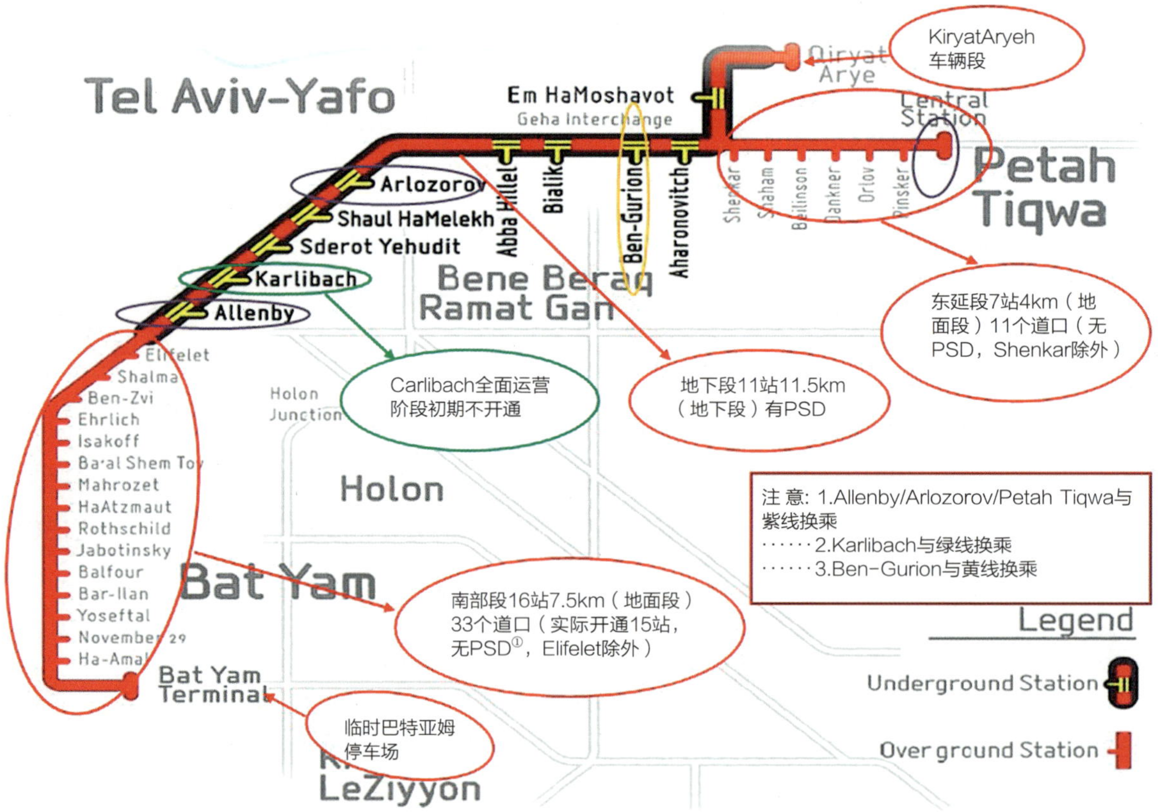

图3-2-1　以色列特拉维夫红线轻轨线路图

① PSD：轨道交通站台屏蔽门系统。

三、项目合同中的规定

（一）需遵循的工程建设相关法律法规

项目建设中主要涉及的法律法规有：《残疾人权利平等法》《残疾人平等权利条例》《电气法》《规划和建筑规章》《关于将轻轨运输纳入市政交通安排的说明》《道路照明规划说明》。

（二）对于中国以外设备、材料采购及认证的要求

以色列标准协会（Standards Institute of Israel，SII）负责制定标准的产品和服务，提供测试和认证（提供标准的“批准印章”），并验证该认证产品是否长期保持其质量。以色列标准协会共设有17个中心技术委员会，覆盖了建筑、电工、化学、机械、食品、纺织、聚合物、电子、水、纸张、信息系统、环境保护、医疗器具、包装、安全、通信等领域。这些中心技术委员会共承担200多项技术工作，以与国际标准化组织（ISO）和国际电工委员会（IEC）等国际标准组织对接。

中国国家进出口商品检验局（SACI）和以色列标准协会（SII）为促进中以两国经济贸易的发展，鉴于双方希望在测试报告和工厂审查报告方面开展相互认可，以避免重复测试和检验，签署了《中华人民共和国国家进出口商品检验局和以色列国标准局合作协议》。

特拉维夫轻轨项目有优先“买当地”的要求，但经过业主推荐、公司考察评定，最终实现“买当地”的产品并不多（仅有列车车窗、减震器等小零部件）。

四、采用中国标准与采用他国标准的比较分析

（一）项目所在国对采用国外标准的规定

以色列军工业发达，民用产品处于次要位置，因此其国家标准尚不完善，采用国际标准比较多。

以色列城市轨道交通行业在长期运营中总结了一系列相对固定的项目用标准，车辆产品除涉及安全系列标准外，多要求采用国际标准化组织（ISO）、国际铁路联盟（UIC）、国际电工委员会（IEC）和欧洲标准（EN）等国际或区域标准，以及德国、英国等传统轨道交通强国的标准。中国目前的城市轨道交通标准在国际标准制修订方面话语权有限。

以色列特拉维夫轻轨红线建设采用欧洲标准设计、欧洲标准施工的双欧标，未采用中国标准。

（二）推动中国工程建设标准国际化存在的困难和问题

第一，以色列的很多基础设施项目均采用欧美等发达国家的规范与标准，对中国标准认可度不高。

第二，以色列采用的欧洲标准相较中国标准有规范、详细、便于实施的优势。

第三，以色列采用中国标准会对原有产业形成强大冲击。

案例 3 马来西亚金新（南部）电气化双线铁路升级改造项目

一、基本信息

1. 项目名称

马来西亚金新（南部）电气化双线铁路升级改造

2. 项目所在地

马来西亚柔佛州

3. 项目所在领域

基础设施建设领域（铁路）

4. 项目规模

89亿林吉特（约合144.69亿元人民币）

5. 项目起止时间

2016年12月1日—2021年10月31日

6. 建设方

马来西亚交通部（MOT）

7. 咨询单位

K.L Consult Sdn. Bhd.（马来西亚）

8. 设计单位

Sepakat Setia Perunding Sdn. Bhd.（SSP）（马来西亚）

9. 总承包单位

中国铁建–中国中铁–中国交建联合体有限公司

二、项目概况

马来西亚金新铁路项目是一条既有内燃单线铁路升级改造为电气化复线铁路的工程项目，项目位于马来西亚柔佛州金马士至新山，线路全长191.14km，沿线设置14座车站（新建11座，预留3座）和1处车辆段，线下工程主要以路基和高架桥为主，轨道采用54E1无缝线路，机车采用电力牵引。项目业主为马来西亚交通部，合同总额89亿林吉特（约合144.69亿元人民币），资金来源为业主自筹，合同类型为设计、施工总承包，工期59个月。中国铁建–中国中铁–中国交建联合体公司于2016年10月中标该项目，目前项目正处于建设阶段。

三、项目合同中的规定

（一）需遵循的工程建设相关法律法规

本项目受马来西亚法律管辖，项目合同标准为马来西亚工程部（JKR）2010年版设计、建造项目合同（DB）标准。该合同较注重对马来西亚本地化（本地分包商、供应商、劳动力、原材料采购、设施设备租赁等）参与的要求和控制，以达到保障本国利益的目的。

本项目合同性质为固定总价合同，投标文件中虽包括工程量清单，但并不属于合同的组成部分，业主仅将合同总价分析（CSA）与工程量清单单价分析表（SOR）作为合同附件。根据合同条件，工程量和单价的风险均由承包商承担，除非项目实施过程中应业主要求变更了新工程量或业主对于实际工程量变更予以批准，否则合同价格不予调整。

由于本项目为议标项目，业主在投标阶段对承包商资格审查相对宽松，但要求承包商必须在中国拥有高速铁路项目施工资质及相关业绩，并且承包商必须在马来西亚注册拥有马来西亚建筑业发展局（CIDB）认证的L7级资质方可实施本项目。

（二）合同中规定采用的技术标准及其他相关技术资料

本项目采用马来西亚国铁（KTM）标准，该标准由英国铁路标准规范修订而来，项目合同中也规定在项目实施过程中如出现无法参考马方国铁标准的情况，则以英国标准为参照。

（三）合同中规定需获得的各类项目认证名称和信息

合同中规定相关认证信息均为马方当局所要求的认证信息，如：

马来西亚建筑业发展局（CIDB）注册认证；

马来西亚建筑业发展局（CIDB）L7级资质认证；

马来西亚建筑业发展局（CIDB）安全标准认证；

马来西亚国家铁路局（KTMB）安全标准认证；

马来西亚标准工业研究部（SIRIM）材料检测认证。

本项目不接受相关的中国标准认证。

（四）对于中国外设备、材料采购及认证的要求

该项目根据马来西亚政府部门的规定进行设备、材料采购。部分当地直接采购物资需要SIRIM（马来西亚标准工业研究部，承担检验检疫管理职责）认证。根据马来西亚海关对国外进口设备物资办理进口许可证的规定（进口物资海关HS编码），不在管控范围之内的物资设备可以直接进口，需要进口物资许可证的物资要通过SIRIM检测认证。通过检测认证后的物资设备，根据马来西亚能源部（ST）、建筑业发展局（CIDB）等部门各自管控的货物清单，进口方申请进口许可证（COA），拿到进口许可证后的物资可以进行后期清关工作。

当地主要承认马来西亚认证标准，即SIRIM认证，也承认少数英国标准认证。不在管控范围内的材料可以将美国标准、中国标准作为申请标准，但得到业主认可的可能性较低。

（五）合同规定的社会和环境影响

合同规定承包商应遵循马来西亚1974年版环境法（Environment Quality Act 1974）及地方当局一切有关环境保护的法令，项目开工前承包商应向业主提交环境影响性分析报告（EIA），承包商要对项目在建过程中所造成的环境、社会影响进行充分分析并规划出合理应对措施，该影响性分析报告经由业主批准后项目才可开工建设。

（六）合同规定的质量、职业健康和安全、环境要求

质量要求：合同规定承包商需要按照合同及设计规范要求进行施工，并提供质量保证、质量安全（QA、QC）的相关文件，含质量管控计划、合格材料审批等。项目总承包商应该对分包商提供的所有设计、质量、材料资料进行审查。对项目从设计到实施的各个方面进行有效管理控制，以确保落实质量管控计划。

安全要求：根据马来西亚建筑业发展局（CIDB）要求对项目进行管控。制定项目安全计划，所有施工人员及施工流程需按照安全计划要求进行。完成安全资质政府注册（KTM标准、CIDB标准等）并制定安全组织结构图，成立安全委员会。制定机械设备检测清单、主要物资设备吊装计划、劳工基础安全规则、安全检测周报和月报。通过不合格安全情况报告（NCR）上报现场安全违规事件。

环境要求：承包商在项目施工过程中，应确保避免污染空气、土壤、河流，避免施工过程中的固体垃圾、燃气、噪声或消耗材料对周围环境造成影响。定期对各项环境情况进行评估，对已经发生的环境污染进行上报和整改，整改结果必须得到业主认可，否则可能导致项目停工。

（七）合同对验收、移交、运行与维护等的要求

项目施工结束后，自实际完工日期起，承包商依据合同规定将继续执行为期24个月的缺陷责任期义务，缺陷责任期起始时间以业主下发“项目实际竣工证书”时间为准。

在缺陷责任期期满后28天内的任意时间，业主将根据项目运营情况随时对承包商下发“缺陷责任整改计划”及“缺陷责任整改通知”，承包商在接到业主上述计划和通知后应不遗余力地在缺陷责任期内（24个月）进行整改以达到业主验收标准。缺陷责任期结束验收合格后，业主将会向承包商下发“缺陷维护竣工证书”并根据承包商提交的终期付款申请，在后续3个月内支付项目尾款。如承包商未在指定时间或者未能按业主要求对项目缺陷进行整改，一切因整改超期或者项目实际使用价值降低而产生的额外费用或者损失，均由承包商承担，相关费用将会在承包商履约保函、应付未付款项中扣除或者视为承包商的负债。

四、项目实施过程与中国工程的差异

设计阶段：中国在项目施工前设计工作已经全部完成，而马来西亚本地项目普遍是边设计边施工。中国设计工作一般由设计院在开工前单独完成，马来西亚则是设计与施工同时进行，设计文件、设计图纸、施工图纸、施工方案先由承包商工程师委员会（由承包商的设计咨询工程师和监理组成）审核，然后由业主监理咨询单位审核通过后报业主（马来西亚交通部）进行终审。

勘察阶段：中国一般是由设计院承担并完成勘察工作，马来西亚则是由承包商委托独立的勘察设计公司进行前期的勘测调查并出具勘测报告。

施工阶段：中国施工阶段基本是按设计院出的设计图、施工图及定型图施工，马来西亚是按照监理及交通部批复的施工图施工。马来西亚当地施工用图审核、批复机构较多，并且现场施工图（工点图）一般由施工单位根据设计通用图自行画出（包括用料计算等），这就要求施工单位也要有相应的设计出图能力，并非像中国直接由设计院交图，施工单位只是照图施工。

验收阶段：中国与马来西亚验收程序基本相同，都是由设计、监理、业主及承包商共同参与进行。

设备与材料采购要求：中国国内的工程原则上材料和设备采购优先使用中国产品，马来西亚对本国产设备材料也采取了保护政策，特别是政府项目，只有在本国不能生产或者本国生产材料不能满足自身需要的前提下，才允许从国外进口设备物资，特别是政府项目。中资企业进口项目用设备物资材料需要申请进口资质，以公司名义进口所需物资。所有外方资质企业参与马来西亚政府发起的商业经营活动（不限于工程承包、原材料、设备进口贸易等）都要遵循马来西亚政府的贸易对冲政策（工业合作计划ICP），即外资企业在马来西亚商业活动所产生的合同额要通过该企业在马的本地投资（包括不限于本地原材料采购、人力资源培养、本地劳工招募、将本地产品供应链引入全球市场、资金赞助等）实现二次贸易额对冲。

五、本项目中国标准应用情况

本项目未采用中国标准。

如果马来西亚本国标准不足以满足相关项目的建设、运营需求，马方将会考虑引进他国标准，但此情况下马方多数会将目标锁定于英美等西方体系的建筑标准，中国标准的入围概率相对较低。就当前市场情况而言，一般在马来西亚可以采用中国标准的工程项目通常是由中国政府或者中国投资人发起的投融资类项目，如目前正在建设的马来西亚东部沿海铁路项目（系统工程标准）。

马来西亚对中国标准并未有普遍的认知，其政府、地方当局对中国标准的适用性也处于一个了解、认知的阶段，因此要使其接受中国标准，还需要一定的时间。

马来西亚建筑领域的工程技术人员多数都比较熟悉英美标准，对中国标准认知程度还处于一个相对陌生的阶段，中国标准的宣传力量当前还是主要集中于驻马中资建筑企业本身，相关企业依托中国主导的投融资项目（一般采用中国标准）对外方从业人员进行中国标准的普及，但普及能力有限，大多数当地人对中国标准的了解还是较为模糊，总体认为中国标准很详细，应该很适用，但还不能深入了解中国标准制定的科学依据。

不过由于近年来中国高铁等基础设施、建筑、装备制造产品在国际市场声名鹊起，多数行业内的从业者开始关注中国标准并试图从多种渠道进行学习了解，中国经济的快速发展也在周边国家掀起了向中国靠拢、学习的浪潮，总体而言中国标准目前在境外的口碑处于逐渐上升的阶段。

六、采用中国标准与采用他国标准的比较分析

本项目投标过程中约定，如果承包商在执行项目设计过程中发现现有马来西亚国家标准无法满足项目运行需求，可以考虑使用外国标准（包括中国标准），但前提是所使用标准须通过项目业主委员会审核、认可。

在现场施工过程中，马来西亚与中国的建筑业文化和习惯差异还是比较大的。马来西亚建筑业因为劳工技能相对不足，因此大量使用机械进行施工，而中国建筑业大型机械的使用相对较少。此外，因两国的建筑标准、施工安全标准等行业标准也不同，项目最终以怎样的建设标准呈现，需要双方在项目推进过程中不断协商确定，因此在马来西亚执行项目的效率不如中国项目高效、快捷。中国标准和马来西亚标准现阶段还无法达到互认水平。如果双方在符合业主要求与预算成本的范围内达成了一致意见，最终建设标准有可能被设定为稍高于马来西亚的标准而低于中国标准。

七、小结

现阶段，国际市场竞争十分激烈，很多地区和国家十分注重自身标准的构建，并采用技术性贸易措施，对本地区和本民族的工业加以保护，避免根本利益受到影响。因此，在实际标准相互认证的工作开展上还存在很多困难因素。

马来西亚的工程承包市场是相对开放的，允许任何人参与竞争。这种机制为马来西亚承包市场的逐渐完善提供了基础。

外国公司，在对马来西亚项目进行可行性研究时对利润的预测要留有充分的余地，利润低的项目应谨慎对待。外国公司中标后，实施项目的施工队伍主要还是靠当地公司。对中国公司而言更是如此，因为获取工作签证非常困难，从中国大量派劳务来马来西亚施工的可能性很小。根据马来西亚的情况，即使外国公司作为主承包商中标，具体实施时也是逐项分块包给当地的承包商。当地承包商在商谈分包合同时，往往认为给外国公司的报价应该高一些，因而常常会在正常报价的基础上增加一定的比例。

从实践经验来看，外国公司参与马来西亚工程承包竞争，最好是与当地公司合作，充分利用其优势。另外，在项目的实施过程中，需要对当地情况、习惯做法予以足够的重视。

案例 4

越南河内城市轨道交通吉灵—河东线项目

一、基本信息

1. 项目名称

   越南河内城市轨道交通吉灵—河东线

2. 项目所在地

   越南河内市

3. 项目所在领域

   轨道交通

4. 项目规模

   河内城市轨道交通项目吉灵—河东线，线路全长13.021km

5. 建设方

   越南交通部

6. 总承包商

   中铁六局集团有限公司

二、项目概况

吉灵—河东线线路全长13.021km，是越南第一条轻轨项目。全线均为高架线，共设置12座车站，平均站间距为1 156m，全线设置车辆基地一座，占地约为26.2公顷，全线设置控制中心一座，位于河东车辆基地内。

项目主要系统设备组成包括机车车辆、通信系统、信号系统、供电系统、轨道系统、自动售检票系统、电扶梯系统、给排水系统、动力照明系统、通风空调系统、火灾自动报警系统、车辆段工艺设备系统和声屏障系统，共13个系统。

项目采用中国技术和中国标准，由中国中铁六局集团以EPC形式承建。工程总投资86 804万美元，资金来源包括中国政府的优惠贷款66 962万美元和越南政府的自筹资金19 843万美元。

深圳市地铁集团有限公司与中铁六局签订项目分包合同，负责为河内城市轨道交通项目吉灵—河东线提供系统设备总联调、试运行及运营演练、运营体系文件编制、体系培训服务。

三、项目合同中的规定

吉灵—河东线项目主要设备、材料进场安装前需经检验检测，相关工作由越南业主方委托第三方进行。越南当地已有较完善的检验机构，基本能够满足项目的送检需求。

吉灵—河东线项目工程验收及评估，原则上按照EPC合同执行。在开通试运行前期，业主聘请第三方安全评估单位对项目进行安全评估。

四、本项目中国标准应用情况

吉灵—河东线项目，从设计、施工、验收到移交运营，大范围应用中国标准，共200余项，项目实施期间将所涉及标准提交业主审批备案。

中国标准在吉灵—河东线项目应用过程中，由于越方缺乏轨道交通相关经验，对中国标准不理解，在现场执行中阻力很大。其中典型的事件是，吉灵—河东线项目选择了一种波浪式的“节能坡”设计，也就是轨道在进站处是上坡、出站处为下坡，这是一种更先进且符合列车运行规律的节能设计，但越南媒体发现后，立刻爆出新闻称“中国制造”质量不过关，铁轨都没铺平。舆论一度导致越南政府无法批准该设计，严重影响了工程进度。针对“节能坡”的争议，中国项目方通过邀请越方相关负责人到北京进行实地考察，才打消了越方的疑虑，该项设计方案方获批准。

吉灵—河东线项目全面采取中国城市轨道交通工程标准，且在施工建设及管理方面采用中国建设及设计单位，与中国城市轨道交通工程建设及设计从内部管理方面差异较小，项目管理团队的组建、项目管理制度、设备材料采购、检验检测、验收评估等方面均沿袭中国的做法，但在外部沟通方面由于越南方对中国标准不理解，需通过反复多次地沟通去说服业主方，耗费了大量的时间且延长了项目整体工期。

五、小结

中国城市轨道交通工程标准的国际认知度不够高，且中国城市轨道交通工程标准国际化进程较慢，越南对中国城市轨道交通工程标准认识和了解不够深入。

中国标准多为实践经验总结，直接给出结论，少有原理性解释说明，与中国有文化差异的外方技术人员较难信服并采用。

受制于历史、社会、政治及思维习惯等因素影响，中国城市轨道交通工程标准在语言组织、标准描述方面与越方的理解存在一定差异。此外中国城市轨道交通工程标准在翻译成越南语或英语时，因文化差异容易产生歧义，导致对标准的理解产生差异。例如，在河东线项目中，越方对菲迪克条款理解有误，将EPC合同交钥匙工程照搬到轨道交通项目上，完全未考虑轨道交通项目的复杂性和运营单位全面介入试运行的重要性，导致项目在试运行及移交阶段面临诸多问题。

中国城市轨道交通工程标准在越南当地应用时，缺乏相应的运营标准支撑。根据中国经验，地铁线路在建设前期，运营单位一般根据运营标准，提前介入新线建设，并提出优化意见，保证地铁线路后续运营的安全、稳定、便利。而越南目前未完全建立成熟、系统的城市轨道交通工程标准，对工程标准（如城轨高架站进站上坡、出站下坡的设计）停留在主观认识的基础之上，中国成熟、系统的工程标准导入过程艰难且制约项目整体工期。

中国城市轨道交通工程标准在越南推广进程较慢主要有以下两方面原因。

（一）内部原因

（1）中国城市轨道交通工程标准国际化基础条件有待提高。中国城市轨道交通工程标准体系存在分散、行业标准交叉现象。中国城市轨道交通工程标准大多是强制性标准，在国际推广及应用方面还存在一定的不足。

（2）目前的中国标准用语多为中文，其中轨道交通工程标准多语种版本很少，使用人员自行翻译，但存在着准确性和专业性的欠缺。受中国语言文化特点及思维方式的影响，标准用语与国际通用习惯也存在差异，这使中国标准的全面推广和应用存在一定制约。

（3）施工质量对中国城市轨道交通工程标准的国际化推广带来影响。因部分施工承包商擅自降低项目建设质量、改变施工工艺，导致严重工程事故，造成不良社会影响，间接影响到国际社会对中国城市轨道交通工程标准的引用。

（4）标准输出统筹机制缺失。目前中国的国际总承包企业均采取单打独斗形式，没有一个专门机构或组织从战略上构建城市轨道交通技术国际化标准输出体系。部分中国机构或企业标准意识不强。部分企业在国际市场竞争中，在行业标准上采取跟随策略，相对保守，能参与制定行业国际标准，甚至引领行业国际标准的企业为数不多。

（二）外部原因

（1）国外政府机构及职能管理机构对中国城市轨道交通工程标准认知度不高，采纳意愿不强。

（2）现行国际标准主导市场。欧洲标准、日本标准、美国标准推广较早，已基本形成先入为主的思维导向。目前，铁路国际标准主要由德、法主导编制，日本近年来也力图成为铁路国际标准最有影响力的国家之一。德、法、日、美、英等国在国际标准化领域起主导作用，国际标准基本反映其生产技术水平。德、法、英等国通过欧洲电工委员会（CENELEC）与国际电工委员会（IEC）在1996年签署的德累斯顿（Dresden）合作协议，更是将其主导的欧洲（地区）标准打造成可直接上升为国际标准的“绿色通道”。

不过，越南目前还没有自己的城市轨道交通工程及运营标准体系，也是在引进国外的规范和标准来创建越南自己的标准体系的过程中，所以中国城市轨道交通工程标准在越南的推广和应用存在良好基础。

案例 5 美国波士顿地铁项目

一、基本信息

1 项目名称

美国波士顿地铁

2 项目所在地

美国波士顿

3 项目所在领域

轨道客车

4 项目规模

101列404辆车

5 项目起止时间

2014年12月—2025年

6 设计单位

中车长春轨道客车股份有限公司

二、项目概况

中车长春轨道客车股份有限公司于2014年10月成功中标波士顿地铁项目，2014年11月正式签约。该项目既是中国轨道车辆进入北美市场的开端，也是整个中车集团、中国轨道交通装备企业乃至整个中国高端交通装备企业首次登陆美国高端市场的关键一步，还是轨道交通装备企业步入跨国投资的重要一步。

三、项目合同中的规定

项目合同只对如何验收车辆有规定，业主聘请了波士顿当地的咨询机构进行独立第三方安全认证。

美国项目有"买美国"的要求，根据美国联邦法律，车辆合同金额的60%要购买当地产品。所有产品要同时满足联邦法律和标准的要求。这一比例在2018—2019年度被调整为65%，2020年被调整为70%。此外，车辆最终组装必须在美国。

四、本项目中国标准应用情况

美国波士顿项目车辆绝大部分标准是按照美国联邦、州法规及行业标准执行，这其中大多数标准是业主在合同中明确指定的，其余部分是合同指定标准所引用的标准，整个项目所用标准详细、明确、成体系。分析项目案例，可以看出美国标准体系较成熟、完善，各标准协会分工明确，在行业内有技术权威，因此想要在此类项目中推行中国标准难度很大。

五、采用中国标准与采用他国标准的比较分析

美国是国际标准大国、强国和标准化规则的主要制定者和话语权的持有者。公共工程建设规则则是由法规和标准规范决定。美国政府发布的两个法规确定了联邦政府使用的标准：《国家技术转让与促进法案》（NTTAA）和《联邦政府参与制定和使用自愿一致性标准和合格评定活动通告A-119》。

《国家技术转让与促进法案》（NTTAA）强制要求美国所有联邦政府部门和机构与

WTO/TBT协议（即世界贸易组织的技术性贸易壁垒协议）的规定保持一致，以技术标准为基础制定技术法规。联邦政府专门建立了法规所采用标准的数据库。根据不同的项目类别在数据库中选取所采用的标准。例如中车长春轨道客车股份公司中标的波士顿地铁，在与业主谈判过程中，确立了要执行的联邦法律和标准共计255项。

六、小结

分析项目案例可以发现，美国标准体系成熟，由法律、法规与标准一起构成一整套完整的体系。标准主要由民间非营利性协会整合各方面资源制定而成，覆盖城市轨道交通车辆产品各专业方面面的需求。协会标准的特点，首先是专业性强。由行业专家起草的专业标准，适用于涉及该专业的各领域。如焊接的标准完全执行美标AWS爆焊标准体系，车辆、建筑、桥梁等行业均需按统一、基本的要求执行，同时在地铁交通车辆上又附加新的要求。其次是权威性强。目前美国的协会标准已形成国际化的趋势。我国出口海外的诸多项目或多或少都在采用美国的协会标准。协会组织成员的来源也逐步由美国本土扩大到全世界范围。

第 4 章

市政工程领域

案例 1 越南海防市 Hoang Van Thu 大桥项目

一、基本信息

1 项目名称

越南海防市Hoang Van Thu大桥

2 项目所在地

越南海防市

3 项目所在领域

桥梁工程

4 项目起止时间

2016年12月—2019年5月

5 设计单位

越南交通设计院

6 设计咨询单位

福州大学

二、项目概况

Hoang Van Thu 大桥项目位于越南海防市，主桥为三跨（45m+200m+45m）飞鸟式拱桥，桥面宽度为33.5m。主桥中跨为中承式钢管混凝土桁肋拱，边跨为钢壳混凝土悬臂半拱。中拱拱轴线为悬链线，拱轴系数m=1.3，矢跨比为1/4；边拱拱轴线同样为悬链线，拱轴系数m=2.0，矢跨比为1/3.7。全桥共设11道横撑，横撑为空间钢管桁架结构。桥梁采用双吊杆体系，吊杆间距5m，共116对。全桥系杆索共计16根。桥面系采用钢梁格体系，行车道上铺30cm预制桥面板，非机动车道上铺26cm预制桥面板。大桥远景如图4-1-1所示。

图4-1-1　Hoang Van Thu Bridge大桥远景

大桥设计单位为越南最大的交通设计院（Transport Engineering Design Incorporated，TEDI），作为越南首座飞鸟式钢管混凝土拱桥，设计单位经翻译中国专著《钢管混凝土拱桥》后进行设计，并邀请福州大学参与大桥的设计合作，为大桥提供设计咨询技术服务。

三、项目合同中的规定

目前，越南本国尚未建立起完整的桥梁设计标准体系，更无钢管混凝土拱桥相关标准或规范。一般桥梁的设计，主要参考《美国公路桥梁设计规范》（ASSHTO）。

钢管混凝土拱桥的设计规范目前只有中国有，没有其他工程标准或规范可供选择，中方和越南交通设计院沟通之后，决定采用《钢管混凝土拱桥技术规范》（GB 50923-2013）作为设计咨询的主要依据，并以中国公路行业标准《公路钢管混凝土拱桥设计规范》（JTG/T D65-06-2015）作为补充。同时，大桥的计算复核全部采用中国相关规范进行校核。

四、本项目中国标准应用情况

本工程采用中国标准。由于《钢管混凝土拱桥技术规范》（GB 50923-2013）主要是针对钢管混凝土拱桥的特点而制定，有关桥梁的其他问题需要参考中国的其他相关规范，例如大桥的车道设置、荷载取值等，不同的国家有不同的规定，采用多国标准可能会造成一些应用问题，因此本项目统一按照中国标准执行。

钢管混凝土拱桥是在中国发展成熟的，相关标准仅中国有，具有先进性，所以国外从业人员对中国标准的评价都很高。

五、采用中国标准与采用他国标准的比较分析

目前越南建设标准多采用《美国公路桥梁设计规范》（ASSHTO）或投资国国家标准。由于中国的钢管混凝土拱桥设计和修建技术世界领先，且其他国家并无钢管混凝土拱桥的相关设计规范，因此，对于此类桥梁的修建，很容易说服对方采用中国的技术规范或标准进行设计。

六、小结

越南目前并无专门的钢管混凝土建设标准，部分规定在其他桥梁规范中有所体现，但无针对性。受自身能力、基础设施等条件的限制，越南尚缺乏足够的技术手段自主制定桥梁建设标准，因而基本采用国际标准。同时，由于桥梁等基础设施建设投资一般通过BOT等PPP方式引进外资进行建设，因此一些项目多采用投资建设国家的相关标准。

同时，钢管混凝土拱桥在中国的大量修建，也为中国培育了大量优秀的桥梁制造和施工企业。例如修建钢管混凝土拱桥的钢结构制作企业，系杆、吊杆制作企业，钢管混

凝土拱桥施工设备及施工技术企业，这些企业积累了丰富的经验，相关技术领先世界，如国外完全采用中国标准，这对相关桥梁制造、施工企业承揽海外工程具有重要意义。

对于中国标准走出去提出如下建议：

（一）充分利用现有条件，以点带面，推动相关标准的国际化

中国与越南毗邻，交往频繁，越南技术人员对中国近几十年大规模的基础设施建设印象深刻，对中国的技术先进性与适用性有着较多的了解。

以钢管混凝土拱桥为例，通过Hoang Van Thu 大桥项目的咨询，越南交通设计院对中国这方面的技术更加信服，将中国钢管混凝土拱桥的规范翻译成越南语，供设计人员内部参考使用。该项目的咨询，还促成了越南建设出版社与中国的人民交通出版社合作，将《钢管混凝土拱桥》一书翻译成越南语，目前已完成了翻译。

在这些工作的基础上，建议以中国的钢管混凝土拱桥技术规范在越南的推广与应用为突破口，与越南交通设计院合作，带动更多的中国桥梁规范的国际化。

（二）通过投资带动中国标准的推广，扩大中国标准在越南的应用

目前，越南以参考美国、欧洲和日本等经济发达国家和投资国的标准为主，越南本国的工程建设标准体系尚需进一步完善。

建议通过在中国投资的工程项目中采用中国标准来扩大中国标准在越南的应用，培养相关技术人员熟悉中国标准。同时，通过合作（如人民交通出版社与越南建设出版社的合作），将国内已翻译成英语、法语的工程标准在越南出版发行，并选择一部分翻译成越南语，以利于其直接应用。

（三）开展相关研究，通过协助对方建立标准体系扩大中国标准的影响

开展越南建设需求、标准采用和中国标准对越南适用性的调查与研究。与越南的建筑科学研究院等单位开展合作，以中国标准为基础，结合越南的环境、条件和建设特点，协助其工程建设标准体系的建立，以加强中国标准的影响。在此基础上，开展两国标准互认，推动行业与产业的合作。

（四）加强人员交流，推动越南标准化人才培养

加强两国标准化机构、学术机构、工程建设单位之间的人员交流，推动双边标准化合作的开展。设立专项资金，选择越南留学生和技术人员进行中国标准的学习和培训，协助越南培养标准化人才。培训工作可在中国进行（如福州大学等院校）；也可在越南进行（如越南的建设大学、交通大学等高校）。

案例 2 马来西亚潘岱第二地下式污水处理厂项目

一、基本信息

1 项目名称

马来西亚潘岱第二地下式污水处理厂

2 项目所在地

马来西亚吉隆坡潘岱区

3 项目所在领域

市政工程

4 项目规模

320 000m^3/d

5 项目起止时间

2011年7月启动设计、建设工作，2015年6月1日完工并通水试运行，2015年8月正式进入商业运营，2017年结束委托运营期，移交至当地IWK水务公司（马来西亚政府下辖的水务企业，也是国家水务委员会的主要成员单位）

6 结构类型

地下构筑物为钢混凝土结构，地面建筑为框架结构

7 建设方

项目业主为马来西亚能源、绿色科技及水务部（JPP），付款单位为马来西亚财政部

8 咨询单位

见表4-2-1

9 设计单位

见表4-2-1

根据马来西亚政府对项目设计的管理要求，设计成果必须由本国咨询顾问单位签字盖章确认，因此项目采用国内设计院主设计、马来西亚咨询顾问单位审核签字的合作模式。项目设计与管理过程中的主要参与单位如表4-2-1所示。

表4-2-1　项目设计参与部门、单位及职责

部门/单位		职责
政府主管部门	Jabatan Perkhidmatan Pembetungan Sewerage Service Department	业主：马来西亚能源、绿色工艺与水务部下属污水局（JPP）
政府咨询单位	Kumpulan Ikhtisas Projek（M）Sdn Bhd -MECIP（M）Sdn Bhd JV	业主监理顾问（Project Management Consultant，PMC）
BEWG（M）聘请的咨询顾问单位	Environmental and Engineering Consultants Sdn Bhd	结构土建顾问（Civil & Structural Consultant）
	SMHB Sdn Bhd	机械与电气顾问（Mechanical & Electrical Consultant）
	Kuek Wee Chien Architect	建筑顾问（Architect Consultant）
	PTA Design Sdn Bhd	景观顾问（Landscape Consultant）
国内参与设计单位	北控水务集团技术研发中心	统筹设计，编制总体技术方案
	中国市政工程西南设计研究院	

10 总承包单位

北控水务（中国）投资有限公司，后续在当地成立合资公司北控水务（马来西亚）有限公司负责执行

二、项目概况

2009年11月11日，在时任国家主席胡锦涛和马来西亚首相纳吉布的亲临见证下，北控水务集团与由马来西亚能源、绿色工艺及水务部为代表的马来西亚政府签署了马来西亚水务合作谅解备忘录，双方初步达成了未来五年内北控水务集团采取设计—建设—移交+委托运营（DBT+O）的方式投资约120亿元人民币在马来西亚全国兴建多座污水处理厂、配套管网及相应附属设施。谅解备忘录签订后，北控水务集团与马来西亚能源、绿色科技及水务部，污水服务局，经济规划局以及首相办公室等机构积极、有序地推进双方的实质性合作。经讨论，明确了潘岱第二污水处理厂作为双方合作计划中优先启动的第一个项目，该项目已得到马来西亚国会批准和财政部备案。

2011年1月，马来西亚能源、绿色科技及水务部代表马来西亚政府正式授予北控水务集团“建设吉隆坡联邦直辖区潘岱第二污水处理厂（设计与建设）”项目合作意向书，通过直接谈判的方式，正式将潘岱第二污水处理厂项目以“EPC+2年委托运营”模式授予北控水务集团。项目合同总金额约合20亿元人民币（按当时汇率折算）。

项目自2011年7月起启动设计、建设工作，2015年1月通水试运行，2015年7月正式进入商业运营，于2017年7月结束为期两年的委托运营服务，移交至当地IWK水务公司。项目如期高质量履约完成，成为行业内的标杆，提升了北控水务集团在海外市场的知名度和影响力。

项目设计总规模320 000m^3/d，服务人口143万人，是在氧化塘处理区域原址上新建而成，采用全地下建设形式，污水处理厂厂区及地面生态公园共占地约17公顷，其中地面生产区占地约5.5公顷，上部地面生态公园约11.5公顷。地下处理区占据地下空间面积约6.5公顷。污水处理厂的处理系统共包括污水处理、再生水处理及污泥处理三大系统，工艺流程如图4-2-1所示，主体水处理工艺采用改良AAO工艺，沉淀出水经紫外线消毒后一部分排入巴生河，另一部分通过超滤与反渗透工艺生产高品质回用水，分质补充厂内冲洗、绿化、加药及地上公园天河景观用水等，污泥采用中温厌氧消化处理工艺，产生沼气用于发电供给厂内污泥系统自用，消化后污泥经离心脱水后外运填埋处理。目前实际处理负荷率为50%以上，出水稳定达标。

该项目是马来西亚当时最大的污水处理厂，也是马来西亚第一个地下式污水处理厂，还是当时世界第三大地下式污水处理厂。该工程作为北控水务集团第一个自行设计、建设的全地下式污水处理工程，开展了诸多设计创新与探索。其地上公园为当地居

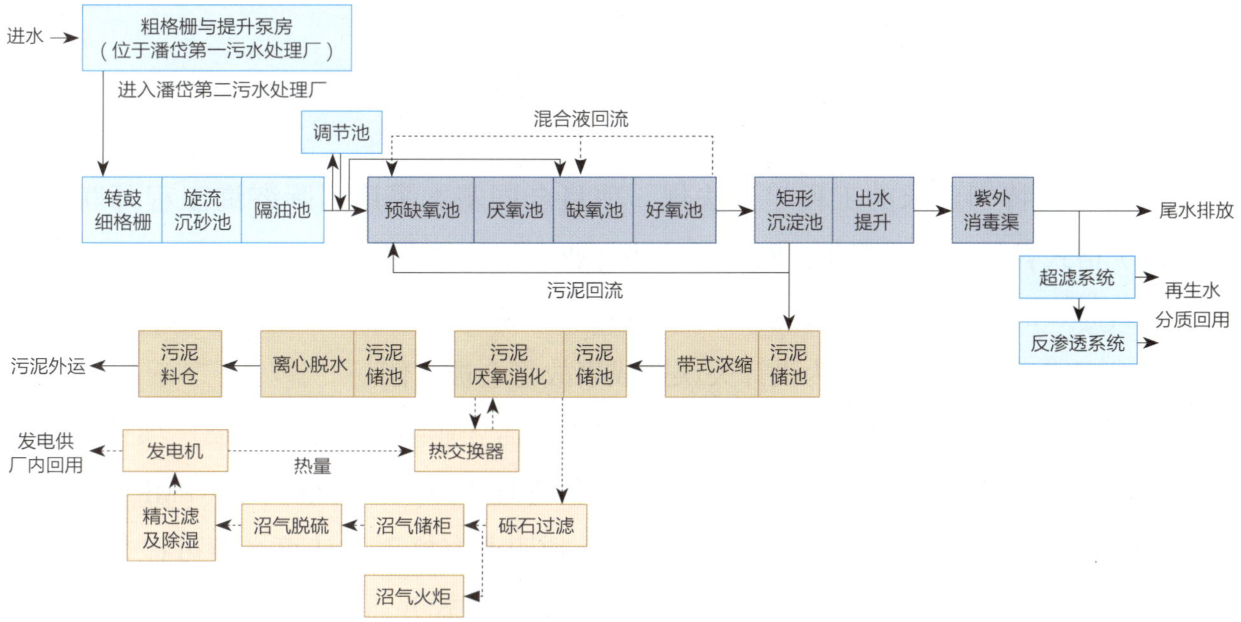

图4-2-1　潘岱第二污水处理厂工艺流程图

民提供了良好的休闲场所，彻底消除了地上式污水处理可能引发的臭味、噪声等污染，节约了70%的占地用于建设休闲景观公园，同时出水标准也得到极大程度的提高，有效改善了周边水体环境，充分体现了地下厂的综合价值。

2017年，项目生态公园开幕仪式在吉隆坡隆重举行，马来西亚政府有关领导出席开幕仪式并评价该项目是环境友好项目的典范，为居民提供了良好的环境，并将成为国家绿色科技教育的潜在基地。马来西亚通过采用中国技术真正实现了“变废为宝”。本次开幕也标志着该项目成为北控水务落实“一带一路”倡议、拓展海外业务的示范性项目。项目鸟瞰图见图4-2-2。

图4-2-2　潘岱第二污水处理厂厂区鸟瞰图

三、项目合同中的规定

（一）需遵循的工程建设相关法律法规

该项目无特别要求的工程建设法规，项目合同基本采用国际咨询工程师联合会（FIDIC）格式合约并有所简化，删除了一些与业主相关的义务。

项目涉及的保险较为完善，主要有承包商一切险以及设计险，其中要求设计担保到项目建设完成后5年，如果因为设计失误造成事故将会被索偿。

该项目在资质方面无要求，但对业绩有要求，需凭业绩申请当地资质。项目经理必须为马来西亚本国注册工程师，亦认可美国项目管理专业人士资格认证（PMP）和英国皇家特许建造师。在马来西亚，中国注册建造师职业资格不被认可，但可提交相应资料，申请当地的临时工程师资格，该项目即采用这种方式并通过审核。施工和运营人员中必须配备一定比例（约占1/3）的当地劳工，为当地提供就业机会。

工程建设过程必须严格执行ISO 9000质量管理体系。当地主管部门非常重视工程质量，验收程序严格，必须对照相关规范要求逐条进行检验，不可变通。检验结果与付款绑定，对需要整改的内容，必须待整改完成并通过后才准许付款。

项目初步设计审核环节，即有专门的健康安全审核版块，重点关注安全距离、操作空间、维修平台及其他安全风险等，审核通过后方可开展后续施工。工程建设期间，必须由持证的安全工程师出任安全官，严格进行全程安全管理。项目经理担负重大责任，一旦发生安全事故，将面临至少6个月的刑期。

按照当地建设程序，工程开展前需通过环评报告（EIA），并制定环境管理计划（EMP），全过程按照计划执行，每月均需提交环评进展报告并接受审查，每半年开展一次外部审查，政府亦会不定时抽查。由此可见相较于最终检验，当地更注重对项目施工过程中的环境卫生措施及环境影响效果进行监管。现场对噪声、扬尘等控制较严格，工地围墙配备喷雾设施，以降低对周边居民的影响。

（二）对于国内外设备、材料采购的要求，以及对设备材料的认证要求

1．工艺技术及设备认证

项目设备为全球采购，所采用的工艺技术及设备必须符合当地标准，从经过马来西亚国家水务委员会（SPAN）认证的设备库中选择。若需新增设备，应提交材料，证明所需设备水平优于库内厂家设备，并进行认证备案。SPAN认可度较高的国际产品多为欧盟认证或美国认证。其认证不仅限于设备类型及品牌，而且须明确至规格型号，例如

某类鼓风机，虽然该品牌已经过认证，但由于本工程规模较大，超过之前备案的型号范围，必须再次申请认证。本项目所使用的水源热泵即为新提交认证并从中国采购，因为当地无相关品牌。涡轮风机为新提交认证，因为所使用韩国风机品牌不在其设备库内。认证通过时间自提交材料起一般需半年左右，其间业主可能需赴生产厂家做质量认证，其测试项目细致繁多，很多中国设备无法达到相关要求。

2．材料采购审批

原则上不允许进口，除非马来西亚本国无法采购到，方可特殊申请获得批准，但该情况极少发生。

3．电气设备认证

所采用的电气设备需通过马来西亚国家电力委员会的认证，仅有国际IEC认证是不够的，亦不认可中国相关认证。

（三）合同规定的社会和环境影响

在建设过程中，中方需要注意尊重当地穆斯林文化，设置祈祷室等设施，否则无法通过建设管理相关审查。工作安排亦需考虑到当地多民族假期等情况，合理安排工期。

（四）合同对验收、移交、运行与维护等的要求

项目完工后由业主（JPP）分别对水线、泥线、地面公园进行验收，出具验收函，由马来西亚消防救援局（BOMBA）出具消防验收函，相关验收过程非常严谨。另如前所述，项目无环保验收，而是执行过程环境管理。

马来西亚的运营规范基本全部采用英标。项目水线运营执行当地IWK水务公司的运行规程。泥线方面，由于马来西亚没有沼气发电运营规范，中方提前提交了国内相关运营规程，经认可后执行。两年委托运营期间，北控水务集团从国内派驻经验丰富的运营人员进行管理，同时聘用当地劳工共同完成。设计团队在设计、建设全程对运营人员进行工艺培训，以保证运营效果。

工程移交前，由接收单位IWK公司进行了详尽细致的调查，列出大大小小百余项整改清单，确认整改后方同意签署移交文件。

项目出水执行《马来西亚排水行业指南·第四卷·污水处理厂》的A标准（Standard A）。经对比，该标准基本介于中国《城镇污水处理厂污染物排放标准》（GB 18918-2002）中一级A与一级B标准之间，详细指标对比见表4-2-2。另外，由于潘岱第一污水处理厂由日本方设计建设，因此本次潘岱第二污水处理厂项目设计之初，设计团队也将中国、马来西亚、日本三国的污水处理工程设计标准进行分析对比以期优化设计。

表4-2-2　潘岱第二污水处理厂设计进、出水水质与中国标准对比

参数	设计进水	设计出水	对比中国标准	去除率/%	最大允许排放值 Standard A
温度/℃	25	25	—		40
pH	6.0~9.0	6.0~9.0	—		6.0~9.0
BOD_5/（mg/L）	250	10	GB一级A	96	20
COD/（mg/L）	500	60	GB一级B	88	120
SS/（mg/L）	300	20	GB一级B	93.3	50
油脂/（mg/L）	50	2	—	96	5.0
NH_3-N/（mg/L）	30	5	GB一级A	83.3	10
NO_3-N/（mg/L）	—①	10	GB一级A（TN）	—	20
TP/（mg/L）	5	3②	较中国标准宽松	—	5.0

注①《马来西亚排水行业指南·第四卷》对污水处理厂设计进水中氮类污染物的要求为TN≤50mg/L，氨氮≤30mg/L，未规定进水硝态氮限值，出水则仅要求考核氨氮及硝态氮，数值如表中所示，不考核TN。

②《马来西亚排水行业指南·第四卷》对污水处理厂设计进水中磷的要求为TP≤10mg/L，出水尾水中，若受纳水体为河流则不限制尾水TP浓度，若受纳水体为封闭水体则要求设计出水中TP≤2mg/L，考核最大允许排放TP≤5mg/L。

表4-2-2中出水水质与最大允许排放浓度有区别，该考核方式亦与中国有较大区别：设计进、出水水质为EPC合同约定，用于工艺计算及水厂自检。正式运行后厂内每4小时取样一次，混合后检测进、出水日均值与该设计标准对照，用于判断水厂运行情况。而最大允许排放浓度为政府考核标准，主管部门会针对水厂出水进行每周抽查，采用瞬时水样的水质检测结果与考核标准（即最大允许排放浓度）对照，若不达标将会开具罚单。

四、项目实施过程与国内工程的差异

马来西亚将污水处理厂建设从规划至建成验收共分为8个阶段，分别为：

阶段1：规划报批（Application for Sewerage Planning Approval）；

阶段2：设计审批（Application for Sewerage Works Design Approval）；

阶段3：结构设计（Details for Structural Plansand Design Calculations）；

阶段4：电气设计（Details for Electrical Design and Drawings）；

阶段5：设备与材料（Details for Equipment and Material Data Sheets）；

阶段6：开工许可（Notice of Commencement of Sewerage Works）；

阶段7：中期检查（Notice of Intermediate Inspection of Sewerage Works）；

阶段8：最终检查（Notice of Final Inspection）。

该建设流程与国内工程建设常用的全专业并行的设计方式有所不同。国内在不同设计阶段均有所有专业参与，在不同阶段采用不同设计深度，例如全专业参与可行性研究、全专业参与初期设计等。而马来西亚为工艺专业先行，待主体专业设计（主要是阶段2）基本稳定、较为深入后再开展其他专业设计，之后仅随其他专业设计反馈情况酌情微调工艺设计。

在以上阶段中，阶段1、2、6、7、8涉及政府主管部门的审批，阶段3、4、5不涉及审批，仅提交备案。与设计有关的具体内容及流程如表4-2-3所示。

表4-2-3　马来西亚污水处理厂工程设计各阶段工作内容

认证内容	活动	期限
合格人员提出排水工程规划申请阶段1	SSD①回复	在SSD确认接收到申请后30个工作日内
排水工程设计申请阶段2	SSD回复	在SSD确认接收到申请后30个工作日内
项目开工许可阶段6	SSD回复	开工前4个工作日提交SSD确认接收
合格人员提出中期检查申请阶段7	SSD回复（采用预先签名的信件）	在申请之日起14个工作日内完成检查
合格人员提出最终检查申请阶段8	SSD回复	在14个工作日内完成检查和书面回复

注：摘自《马来西亚排水行业指南·第二卷》。

其他方面的不同包括：

设备选型：设备选型必须有完善详尽的数据论证与设计图纸，往往需结合模型计算，过程较国内更为详尽细致。所有设备在验收时进行性能测试，必须严格满足合同指标。因此项目供货筛选工作任务更艰巨、要求更严苛。

招标过程中对设备选择的要求：马来西亚项目在工程招标之前，需由承包商面向多家设备厂商询价，并在投标文件中明确限定中标后的采购厂家范围，明确关键参数，确保可满足项目技术要求，若中标后实际采购厂家超出该范围，需向业主予以解释。该形式可使业主在投标阶段即将设备采购档次作为是否中标的考虑因素之一，合理预判工程质量与造价。

制图标准：马来西亚标准体系内没有图集，所有建设细节必须在施工图中详细画

① SSD：马来西亚排水事业署，负责管理整个国家的排水设施。

出，这与国内设计人员制图习惯不同，极大地增加了制图工作量，延长了设计周期。对方制图标准亦较高，审图非常严格。

环保、卫生标准：当地对环保、卫生等要求较高，例如本项目是在氧化塘原址上建设，业主要求在建设过程中应建立临时处理设施，实现边建设、边处理，并妥善处理氧化塘清淤出的污泥。项目实施过程健康、卫生防护措施也较健全，例如，施工时工地四周隔墙需采用喷雾减少粉尘对周边居民的影响；建成后，通风、除臭系统的排气要充分考虑周围建筑合理分布等。

其他：有时当地标准也并非最优，但仍需遵守。例如，调节池在对方标准内必须设计建设，但在进水水量水质较为均匀又是地下厂的情况下，会大大增加工程投资。又例如，当地管道穿墙时采用硬连接方式，而非国内通用的套管形式，一旦施工不当，使管道受力不均，会导致管道变形，出现漏损。

五、本项目中国标准应用情况

通过多方沟通努力，潘岱第二污水处理厂项目设计整体遵循以马来西亚污水处理工程相关规范标准为基础、参照国内设计标准予以合理补充优化的原则开展。实际执行过程中，当国际标准与本地规范冲突时，优先执行本地标准；当发现无标准可依时，可与对方探讨商议、出具报告证明中国标准可满足项目建设要求后可使用中国标准。例如，工程工艺设计突破了当地标准，在承诺出水达标的情况下，对生化池停留时间HRT进行了优化，大幅节约了工程投资；马来西亚没有除臭系统设计规范及标准，项目除臭系统遵循当时中国《除臭工程技术规程（征求意见稿）》的规范要求进行设计及建设；《马来西亚消防指南》中对于“地下空间（主体构筑物）布置形式”的污水处理厂也缺乏相应规范，项目消防系统参考中国《建筑设计防火规范》GB 50016-2006（现为GB 50016-2014）等相关规范及当地规范中相关条款设置消防措施；地下厂通风在国内、国外均没有标准，只能借鉴地下车库的相关通风标准，中方通过多次讨论、汇报获得了对方消防局的认可。

在结构设计与施工标准方面，马来西亚结构专业多采用英国标准，中方对英国标准和中国标准进行了对比，认为两国规范在设计方法上基本相同，承载能力计算公式相似，使用年限基本类似，仅表达符号及分项系数取值有所不同，中方提交了证明中国标准设计成果符合英国标准的报告。当地对报告表示认可，允许中方用国内常用软件进行计算复核，但仍要求最终出具的计算书采用SAP 2000等国际通行的计算软件，不可采用中国常用的工程管理软件PKPM。

中方还发现，在项目实际实施过程中，对方并不过度关注标准值、公式形式本身，而特别重视真实的效果认证，执行层面非常扎实。

国外相关标准与中国标准在以下四个方面存在差异：

第一，单位不同。例如当地管道、阀门、钢筋等均采用英制单位，中国采用公制。

第二，规格不同。例如在结构设计中，当地混凝土标号与国内不同，钢筋型号相较中国更少，但同规格下的强度高于国内。

第三，具体内容与参数不同。国外在安全余量上参数取值相对保守，例如在抗浮方面，中国规范中采用的抗浮参数约为1.5~2，马来西亚取值为3。又例如，马来西亚项目不必进行抗震设计是工程建设的一个有利条件。

第四，对知识产权理解不同。马来西亚要求必须提交工艺、结构等专业计算书用于审核，其知识产权归设计单位所有，但业主同时享有使用权。当然，业主会在一定范围内保护该产权。中国设计单位对此有异议，但协商无果。

中国标准在应用过程中遇到的主要问题为，国内标准规范采用一套单行本互为引用的方式发布，这主要是考虑更新时可避免互相影响，但导致其应用便利性不如国外整本发布的方式。且国内标准采用条款论述方式，虽然客观简洁，但存在模糊点，在发生分歧时容易带来风险。国外标准中包含一定的原理阐述、公式释义，类似于国内手册指南，阐述更加清晰。这些问题只能通过大量反复沟通论证解决。为了更好地沟通标准应用情况、实现技术输出，项目团队还特别建立了培训制度，对当地技术人员进行培训，讲解项目各专业设计方案，实现技术输出。

另外，项目建设安装除选择当地施工单位外，还联合了中水电、中建、北京建工等国内大型央企、国企，分别负责不同工段或电气自控等分项专业的建设任务。事实证明，中国央企在海外基础设施建设方面积累了丰富的经验，赢得了世界范围的认可。建议中国企业凭借已有的影响力，承担或者参与国际标准的制定和修订。

案例 3 达累斯萨拉姆 BRT 二期二标项目

一、基本信息

1. 项目名称
   达累斯萨拉姆BRT二期二标
2. 项目所在地
   坦桑尼亚达累斯萨拉姆市
3. 项目规模
   中型车站
4. 建设方
   坦桑尼亚公路局
5. 咨询单位
   Inter-consult Ltd公司
6. 设计单位
   Inter-consult Ltd公司
7. 总承包单位
   中国土木工程集团有限公司

二、项目概况

达累斯萨拉姆市（以下简称达市）BRT二期二标项目包含Mbagala停车场、Kariakoo终点站以及Chang'ombe、Mtoni、Mtoni Kijichi、Zakhem四个中间站（Feeder Station）工程。本项目合同造价2 300万美元（含税），合同工期24个月。资金来自非洲发展银行。

Mbagala停车场占地面积约150 000m^2，主要工作内容为土方开挖57 600m^3、土方填筑283 100m^3、水泥稳定基层22 000m^3、C35混凝土面层110 000m^{2}以及挡土墙3 200m^{3}等场区工程。总项目还包括建设行政办公楼、商店、检修楼、加油站、警察值班室、发电机房、泵房及候车棚等11个建筑物，总建筑面积为5 200m^2；另外还有路缘石、排水、围墙、大门、道路标识标牌和绿化等附属工程，占整个项目造价的85%。

Kariakoo终点站占地面积20 000m^2，主要工作内容为建设办公楼和候车厅2个建筑物，总建筑面积约1 000m^2。另外还包括场地硬化、排水、围墙大门、标识标牌及绿化等工程，占整个项目造价的7%。

Chang'ombe、Mtoni、Mtoni Kijichi、Zakhem四个中间站平均分布于Mbagala与Kariakoo之间，间距约2～3km不等，主要工作内容包括BRT公交站台、场内道路、围墙、绿化等，共占整个项目造价的8%。

三、项目合同中的规定

（一）需遵循的工程建设相关法律法规

合同规定，主要按照坦桑尼亚“Standard Specification for Road Works 2000”标准建设，环境评估必须满足当地政府关于环境和职业健康影响的评估，合同根据国际咨询工程师联合会菲迪克（FIDIC）标准执行保险、单位资质、人员要求和安全、环保、健康条例等相关规定。

（二）合同中规定采用的技术标准及其他相关技术资料

相关内容见表4-3-1。

表4-3-1 技术标准及相关资料

序号	规定采用的技术标准及其他相关技术资料
1	英国标准（British Standard，BS）
2	美国国家公路与运输协会（American Association of State Highway and Transportation Officials，AASHTO）
3	美国材料与试验协会（American Society for Testing and Materials，ASTM）
4	中央材料实验室（Central Materials Laboratory，CML）
5	南非标准局（Southern African Bureau of Standards，SABS）
6	南非高速公路技术标准［Technical Methods for Highways（South Africa），TMH］
7	坦桑尼亚标准局（Tanzania Bureau of Standards，TBS）
8	交通研究实验室（Transport Research Laboratory，TRL）
9	道路工程标准（Standard Specification for Road Works 2000，ROAD2000）

（三）对于中国外设备、材料采购及认证的要求

仅需提供必要的出场证明及技术标准，认可英国标准。

（四）合同规定的社会和环境影响

应采取一切适当措施，保护现场内外环境，并限制因施工作业而引起的污染、噪声和其他后果对公众及其财产造成的损害。承包商应确保因其活动而产生的气体排放、地面排水及流液等不超过技术规定说明书载明或适用法律规定的数量。

（五）合同规定的质量、职业健康和安全、环境要求

根据国际咨询工程师联合会菲迪克（FIDIC）标准，严格执行提供员工的劳保设施、健康检查、艾滋病防治措施、食物供给，蚊虫和鼠类防范措施等的相关要求，尊重当地节日与宗教习俗，禁止雇用童工。

四、项目实施过程与中国工程的差异

施工必须严格遵照合同要求，当地技工缺乏，且普遍英语不好，机械设备依赖进口。编制施工方案时需充分考虑当地工人素质，必须由中国熟手技工带班。施工机械设备和大宗材料可从中国进口，但应满足英国标准，从中国进口材料及机械设备，清关需要三个月时间。

当地每年有两个雨季，一个为11—1月，另一个为4—6月，需要尽量避免雨季进行土方施工。

五、本项目中国标准应用情况

本项目未采用中国标准。

国外相关标准与中国标准有差异，比如路基填筑压实度检验方法，在坦桑尼亚一般先采用重车检查车辙，通过后再做密实度检验。

案例 4 新加坡樟宜Ⅱ再生水厂项目

一、基本信息

1. 项目名称

新加坡樟宜Ⅱ再生水厂

2. 项目所在地

新加坡

3. 项目所在领域

市政工程

4. 项目规模

水厂设计进水规模约30万m^3/d，产水规模为22.8万m^3/d，总系统回收率可达到75%以上

5. 项目起止时间

2015年1月15日项目正式开工，2016年3月13日组建完成，同年11月14日通过新加坡公用事业局为期一个月的验收

6. 建设方

北控水务（中国）投资有限公司

二、项目概况

2014年在新加坡公用事业局（PUB）的全球公开招标中，中国企业北控水务集团中标新加坡樟宜Ⅱ再生水厂。项目采用设计—建设—拥有—经营（DBOO）模式，收费运营25年，项目于2014年9月18日得到优选人的通知，2015年1月15日正式开工，2016年3月13日组建完成，同年11月14日通过新加坡公用事业局为期一个月的验收。项目也是新加坡首次授标国外公司投资经营的再生水项目案例，并得到了国际同行及政府的认可。

水厂设计进水规模约30万m^3/d，产水规模为22.8万m^3/d，总系统回收率可达到75%以上。原水为樟宜污水厂出水，经超滤加反渗透的双膜法处理后生产再生水，为新加坡提供工业用水和自来水水源补充。自正式商业运营以来，该厂连续稳定生产，平均日产水量达到设计能力的70%，是新加坡五座再生水厂中实际供水量最大的一座，再生水产量占新加坡再生水的30%以上，大大缓解了新加坡供水紧张的局面。项目效果见图4–4–1。

图4-4-1　樟宜Ⅱ再生水厂效果图

项目建设运行有如下特点：

第一，设备配置高。全厂的主要设备、仪表及材料均采用国际知名品牌，保障了水厂连续、安全、高效、稳定运行。

第二，自控程度高。全厂自动阀门500余处，设备3 000余套，全自动运行；进出水及过程检测仪表齐全，水质异常就会实时报警；PLC站主机冗余配置，可自动无间歇投入PLC站CPU，环网冗余可以使网络在中断300ms之内自行恢复；完善的防火墙系统能强化安全策略，限制局部网络安全问题对全局网络造成的影响；通过以上全流程运行控制体系，全厂仅配备了15名运行及管理人员，实现了少人值守的目标。

第三，能耗低。樟宜Ⅱ再生水厂主工艺能耗每吨水约为0.5kW·h，药耗按照人民币计算每吨水约为0.25元，显著低于中国水平；反渗透工段采用能量回收系统，每天节约能耗约4 000kW·h；少人值守，人工费显著低于常规污水处理厂。

三、小结

此项目从建设到运行虽然是中方负责，但是全程并未采用中国标准进行建设，原因如下：中国在再生水方面的标准比较少，并不能完全支撑整个水厂的建设和运营。新加坡本国的市政水标准不完善，更认可国际标准如ISO以及英美体系的标准，且国际标准的体系相对完善，能够完整采用，而中国仅有的关于再生水方面的规范较难推行。

案例 5

萨勒曼国王能源城基础设施与管线项目

一、基本信息

1 项目名称

萨勒曼国王能源城基础设施与管线

2 项目所在地

沙特阿拉伯

3 项目所在领域

市政工程

4 项目规模

项目建成之后，占地面积约50km^2，分三期建设，目前在建是一期，一期占地面积约12.8km^2，建成后可容纳22 000位居民和27 000名员工

5 项目起止时间

2019年5月22日—2021年5月31日

6 建设方

沙特阿美石油公司

7 设计单位

帕森斯

8 总承包单位

中国铁建股份有限公司

二、项目概况

沙特阿美石油公司（Saudi Aramco）计划在东部达曼省的布盖格附近开发萨勒曼国王能源城（SPARK），旨在将其建成一个全球性的集研发、生产、服务为一体的全球能源产业中心，占地面积约12.8km^2。该项目资金由业主自筹，总价为9.83亿里亚尔（含5%增值税，折合18.3亿元人民币），合同模式为固定总价施工采购总承包合同。

三、项目合同中的规定

（一）需遵循的工程建设相关法律法规

本工程需遵循沙特阿美工程规程SAEP148及其适用的国际标准和规范、沙特水电部标准、沙特电力公司标准、沙特通信和信息技术委员会标准、沙特建筑法规和达曼市政府的有关要求。

（二）合同中规定需获得的各类项目认证名称和信息

1．沙特标准组织进口认证（SASO认证/SABO认证）

SABO/SASO import new regulations in Saudi Arabian Market。

2．UL认证

属于非强制性认证，主要是产品安全性能方面的检测和认证，其认证范围不包含产品的EMC（电磁兼容）特性。

3．阿美认证

阿美石油公司供应商资格审查，也就是合格供应商短名单。

（三）对于国内外设备、材料采购及认证的要求

沙特进口设备需要SASO认证或者SABO认证，该认证需要ISO或者欧盟认证（CE）或者国际电工委员会认证（IEC）作为底层支撑文件。

（四）合同规定的社会和环境影响

承包商应采取一切合理的预防措施，以避免由于承包商或其分包商的工程而对土地、空气或水造成污染。如果在工期内有任何过量污染物排放或逸出，承包商应立即以书面形式通知阿美石油公司，采取一切适当措施制止和控制排放或逸出。

同时，承包商应遵循沙特阿拉伯王国适用的法律和法规对任何土地、空气或水的污染物进行控制，也包括因承包商的过失或不当行为而引起的污染，或涉及承包商及任何

分包商带入工作现场的任何污染物，并对清除污染和修复环境所产生的所有费用和成本承担全部责任。根据本项规定，承包商的任何成员对有关设施或沙特阿美石油公司其他财产所产生的污染物所承担责任的每次最高限额为10亿美元，并且如果没有欺诈或故意的不当行为，沙特阿美石油公司应作出赔偿并使承包商的成员免于超过该最高限额的任何责任。

（五）合同规定的质量、职业健康和安全、环境要求

承包商应在适当情况下（例如在危险识别计划中确定的情况）进行健康和环境监测，以保护其工作人员身体健康免受辐射、有害气体、噪声等的危害。监测应由符合资质的人员执行，监测结果应根据要求提交给阿美石油公司倡议组织进行审查。承包商的现场监督应在开始一项不同的工作之前举行工艺安全会议，以解决特定工作的安全问题。承包商及其分包商应向其工作人员提供符合阿美石油公司规格的个人防护设备（PPE）。

环境要求：废水处理应符合要求，向海洋环境的排放，废水处理、回用和处置，卫生废水和污水处理系统以及下水道排放都应符合阿美石油公司的标准。市政垃圾场不得用于废水处理。固体废物处置包括废物最少化、废物回收、临时场地存储、收集运输和处置。所有危险废物应储存在密闭的防漏容器中，该容器应由与要储存的危险废物相容的材料制成或衬有该材料。容器应标有警告标签，以准确描述其内容物并详细说明正确的安全预防措施。

（六）合同对验收、移交、运行与维护等的要求

验收：项目设施的建设与安装严格遵守本合同的所有要求，包括成功完成所有必需的检查、测试、预调试和调试。这些设施已准备好移交和使用，并且能够达到安全地占用和利用已建成设施的预期目的；提供适当运行设施所需要的所有材料、产品数据、操作与维护手册以及备件清单；所有公用事业以及电力和水系统均已充分运转；工作现场处于干净安全的状态，所有建筑碎屑、设备和多余的材料都已清除，并且通往工厂所有出入口的通道均畅通无阻。根据批准的设施移交计划，应将已建成区域与在建区域适当隔离。

移交：承包商应至少提前60天将预计完工日期通知公司代表。当承包商认为已完成实质性工作时，沙特阿美公司将在可行的情况下尽快检查设施。如果工作不符合本合同的规定，沙特阿美公司应通知承包商，并说明工作不足的方面。承包商应立即弥补缺陷，风险、成本和费用由承包商承担。此过程可以重复，直至符合要求。

运行与维护：移交后，沙特阿美石油公司应负责设施的运行以及所有公用事业服务的付款。

四、项目实施过程与国内工程的差异

本项目勘察设计均由业主在施工招投标之前完成，这与国内工程非常相似。

本项目在施工和验收阶段，业主最关注安全，其次是质量，然后才是进度及其他。因此，在实施过程中，规程和流程是不可逾越的，所有承包商、分包商必须严格按照沙特阿美石油公司施工管理流程执行，否则项目将面临支付受阻、难以移交的尴尬境地。

用于永久工程的设备和材料采购须严格从沙特阿美石油公司认证的短名单中选取，短名单中没有的，一般申请一次性认证（one time approval），或者潜在供应商经过长达3~6个月的时间获得沙特阿美石油公司的认证。

五、本项目中国标准应用情况

本项目未采用中国标准，沙特阿美石油公司项目通常采用美国规范和标准。在认证方面，沙特绝大多数业主不接受中国认证，一般承认项目所在国或欧美的认证标准。

该项目中技术相关人员对中国标准评价相对中肯，认为可接受，但是非技术专业人员对中国标准接受程度较低。

六、小结

沙特阿拉伯已经形成自己的建筑业体系，且业主沙特阿美石油公司有自己的运作方式，承接沙特阿美石油公司的业务的前提条件就是要遵守其体系和标准。

在国外开展业务初期，应以参与为主，多和当地较大的业主进行合作，逐渐了解当地的标准，建立自己的品牌形象，获得业主的认可。有了一定市场份额后，才有机会推广我国的技术标准。首先，要在项目执行过程中，严格履行合同，严格质量标准，精心组织施工，通过优良的履约表现和施工效率获得业主项目管理团队、监理团队和合同部的认可。其次，要与业主、业主项目管理团队、业主监理部门之间建立良好的合作关系，业主才会同意中方的变更等诉求，在建立良好形象基础上逐步推广我国的标准。

案例 6　阿尔及利亚东西高速公路西标段 W8 标项目

一、基本信息

1. 项目名称

   阿尔及利亚东西高速公路西标段W8标

2. 项目所在地

   阿尔及利亚特莱姆森市

3. 项目所在领域

   公路项目

4. 项目规模

   大型公路项目

5. 项目起止时间

   2008年3月—2018年7月

6. 建设方

   阿尔及利亚国家公共工程部

7. 咨询单位

   法国Egis Route-Soetauroute

8. 设计单位

   中交第一公路勘察设计研究院有限公司

9. 总承包单位

   中信–中铁建承包企业联合体

二、项目概况

中铁十七局集团公司承建的W8标项目东起特莱姆森，西至摩纳哥边界，线路全长53.966km，是中信建设集团有限公司2006年投标中标的总承包项目——阿尔及利亚东西高速公路西标段的一部分。采用法国技术标准，双向六车道，设计时速120km/h，沥青混凝土路面。该项目是阿尔及利亚政府出资修建项目，合同价格28.54亿元人民币，2018年7月项目终验。

项目主要工程量：路基土石方2 269万m^3；桥梁20座，总长3 547m；涵洞118座，总长6 379m；路面材料（沥青混凝土）71万吨。路基顶宽32m，路床为法国标准路床PST（1m）和级配碎石（粒径不大于0.3m），路面结构为19.5cm沥青路面和20cmGNT级配碎石。项目部分实景见图4-6-1、图4-6-2。

图4-6-1 阿尔及利亚东西高速公路中最长的PK119特大桥

图4-6-2 项目部分路线图

三、项目合同中的规定

合同规定的“适用法律”指投标时阿尔及利亚现行有效的法律和其他法律条文。本项目行政标准和技术标准采用阿尔及利亚通用技术条款（CCAP）和专用技术条款（CCTP），建筑材料试验检测标准采用法国标准。本项目认可中国认证的中国企业资质证书、业绩等商务资料。

用于现场试验的检测仪器或设备均需当地有资质的检测标定机构或业主认可的检测机构出具相关检测证书，所有材料均需符合所在国标准或法国标准要求。

每期应用合同的临时验收将按照通用技术条款（CCAP）相关规定执行。临时验收自乙方提交验收申请并附有证明工程合格的技术文件后15天内进行。一旦确认所有的施工和服务完成，项目即进入为期1年的保修期，保修期内承包商自费修缮由于材料缺陷或施工缺陷而导致的工程不完善之处。

保修期限到期后30日内应进行最终验收，承包商根据合同规定履行其义务，尤其是累计保修期限内，合同标的所有合同义务或要求已经被证实完成；保修期限内或临时验收时提出的保留意见已经被消除。

项目所在国水文、气候、地质等条件与中国差异较大，虽然业主前期会提供项目相关地勘资料，但是根据合同规定业主对提供资料的准确性不负责任，提供的资料仅供参考，而项目合同又规定承包商已对项目所有外界条件以及面临风险有所了解，这导致项目实施过程中存在较大的不可预见风险。

合同中有关验收条款导致项目验收困难。根据本项目以及在阿尔及利亚实施的其他项目经验总结，阿尔及利亚对项目的工期要求并不高，尤其是国家基建项目，但业主和监理会在验收时会以项目实施过程中已经发生且难以消除的保留项为由不予验收，且每次组织验收的周期很长，导致项目移交周期远远超出中国国内项目。

此外，根据所在国家法规及相关政府部门干预情况，项目在实施过程中会受到多方阻力，导致项目在征拆、相关资料审批、移交等方面难度较大。同时受所在国劳动保护法影响，合同规定了劳务用工比例、各项薪酬制度、省外劳务用工限制等，导致项目实施期间相关诉讼纠纷较多。

四、本项目中国标准应用情况

阿尔及利亚目前采用本国标准，此外，官方认可标准为法国标准，个别项目经过业主许可可部分采用国际标准。目前阿尔及利亚未发现使用中国标准的项目，本项目也未采用中国标准。

阿尔及利亚建设技术标准中大部分试验方法与中国标准相同，但个别检测标准与中国标准存在一定程度的差异，主要表现在检测频率（如填方施工检测频率的中国标准检测路基填方压实度统一按照1 000m^2检测不少于2个点，而阿尔及利亚标准对路基不同部位要求也不同：路堤按照500m^2不少于1个点、路床顶面按照200m^2不少于2个点）、特殊路基试验检测标准（如填石路基的中国标准仅检测施工层厚和碾压遍数，符合要求即可，阿尔及利亚标准要求检测压实能量值，用Q/S表示，其中Q为压实后体积，S为压实面积）、混凝土强度表示方法（中国标准一般采用C10/C15/C20，阿尔及利亚标准采用RN10/RN27/B30）、土壤的命名及定义及沥青路面质量检测标准（中国标准采用压实度表示、阿尔及利亚标准采用孔隙率表示）等方面。

采用中国标准能够提高项目前期投标报价的准确性，对项目实施过程中的成本控制和质量控制也有积极影响（因为中国标准和阿尔及利亚标准并没有优劣之分，只是侧重点不同），但是因为阿尔及利亚长期受欧洲标准影响，对中国的技术规范和现行标准的了解程度较低，如果使用中国标准还需要更长时间与业主及监理进行深层次的沟通交流。

阿尔及利亚长期受法国殖民影响，其国家标准也基本参照法国标准制定，同时规定本国标准未明确的内容以法国标准为准，改变这一长期形成的规定非常困难。

阿尔及利亚对中国认证比较认可，对中国基建工程的质量和进度也比较认可。

五、小结

每个国家的历史背景、文化背景等均不同，导致对外来事物的接受程度不同。中国标准未被采纳的原因有以下几点：

第一，中国标准不同语言的译本和发行量不足，导致很多国家对中国标准了解不够深入。

第二，中国标准的国际建筑市场适应性和国际化程度还存在一定差距。

因此，我们对中国标准国际化提出以下建议：一是诸多援外项目和通过中国银行办理融资贷款的投融资项目可以在合同谈判中要求采用中国标准；二是搭建国际技术交流平台，或组织各国有影响力的建筑协会参观中国建设项目，促进交流学习；三是走出去的建筑企业要提高中国标准国际化意识，积极主动推广中国标准，加大宣传力度；四是深入了解所在国文化背景，做好两国文化交流，提高两国文化认同，减少文化差异；五是加强中国标准在海外工程中的适应性，针对每个国家的地质条件、资源情况，对中国标准在一些细节方面进一步校正，提升中国标准的国际化程度。

案例 7 多哈高速公路 P6 项目

一、基本信息

1. 项目名称

   多哈高速公路P6

2. 项目所在地

   卡塔尔多哈市

3. 项目所在领域

   公路项目

4. 项目规模

   中型高速公路项目

5. 项目起止时间

   2012年1月15日—2013年7月15日

6. 建设方

   卡塔尔公共工程署

7. 总承包单位

   中国电建市政建设集团有限公司

二、项目概况

主要工程内容包括：道路土石方工程、沥青混凝土路面工程，新建两个交通信号灯控制的公路交叉口和两座后张预应力大桥，新建一套永久雨水排水系统，场外连接段临时排水系统的设计、施工工作，现有高、低压电网的重置和改造升级，现有污水管线、街灯的重置工作，交通标牌、公路标线、交通信号灯及景观工程。

三、项目合同中的规定

2007年5月业主自行编写的通用合同。

保险：工程一切险，包括材料、承包商设备、机具全额投保，最小第三方险100万卡币/起（约合176万元人民币），专业责任险350万卡币/起（约合621万元人民币），保险期内总计1 750万卡币（约合3 107万元人民币），工人赔偿保险根据卡塔尔法律制定。误期赔偿金额：每延误1天30万卡币（约合53万元人民币），最大误期赔偿为合同价格的10%。

指定分包：如果中标人是外国公司，至少30%的工作分包给当地分包商。

工作时间限定：除工程师批准外，星期五和晚上不能工作。

工程资金支付：工程预付款为合同价格的10%，以各期中期支付证书10%的比例返还，在完工时应返还完；期中付款以月支付的形式，最小月账单支付金额为50万卡币（约合89万元人民币），支付时间为业主财务部收到工程师的支付凭证后45天内。

项目主要采用ASTM、BS和ISO标准，除了招标文件中列出的文件，投标人需自行获得以下规范、标准和规定，并默认其投标价格已包含为满足其中与合同实施相关要求的必要支出，包括但不限于以下文件：

（1）卡塔尔施工规范（QCS2007）第3版；

（2）高速公路沟槽工作、道路开口的实施和技术规范；

（3）卡塔尔土建工作爆破指导标准；

（4）截至合同签订日期所有现行公共事务部门的规定，包括这些规定所有的更新、修改版本；

（5）卡塔尔测量手册；

（6）卡塔尔交通手册和卡塔尔高速公路设计手册；

（7）卡塔尔施工规范排水部分补充标准；

（8）公共事务部门（包含市政、农业、工业部门）、卡塔尔电力和供水总公司（包括之前电力和供水部门）、卡塔尔电信、卡塔尔技术和标准总组织、最高法院关于环境和自然保护区或者当地市政部门在投标日期前发布的任何现行和相关规范、通知或通告；

（9）所有适用的当地市政规则；

（10）卡塔尔1987年第6号国家法律和所有涉及卡塔尔或者其他CCASG国家①材料和设备的修改；

（11）工业和公共事务部发布的公路和桥梁计量方法；

（12）电网部门发布的安全规章制度；

（13）电网部门准备的连接手册；

（14）工业部门发布的道路工作交通控制规章制度以及道路部门发布的其他规章制度；

（15）卡塔尔2002年第30号法律以及后来涉及环境保护的修改；

（16）1986年6月底电力和供水部门发布的民居和商用建筑电线、设备和空调的安装规则；

（17）市政和农业部、电力和供水部或者其他相关部门在投标前通过报纸发布的法令或现行相关的规则、通知或通告；

（18）卡塔尔2002年第32号法律和所有涉及环境保护的修改，以及最高法院发布的环境和自然资源相关的规章制度；

（19）公共事务部准备的标准草案。

中国公路项目通过《质量检验评定标准》来控制质量，而P6公路项目则是通过《卡塔尔施工规范》，对公路构筑物的性能、原材料、规格尺寸以及允许偏差等方面的要求都做了详细规定，使得工程产品能够适应当地地质、气候条件并满足设计预期的相关性能指标。比较而言，二者间质量管理的标准化理念和相关流程基本一致，但P6项目在质量管理实施过程中的各种要求更为具体和严苛，项目质量管理除了常规的现场质量控制以外，还要做大量数据统计和综合分析工作，以分析项目质量工作中出现的问题，并提出解决或提高的办法，为工程质量的持续改进提供了较好的保障。

P6公路项目在职业健康安全管理方面要求较高，项目这方面的资金投入也比较大。项目健康、安全和环境管理体系（HSE）的建立和运行必须遵守卡塔尔劳工法、环境保护法等法规要求，以及ISO 14001：2004、OHSAS 18001：2007和卡塔尔施工规范等标准要求。

---

① CCASG 国家指海湾阿拉伯国家合作委员会，成员国包括阿联酋、阿曼、巴林、卡塔尔、科威特和沙特阿拉伯 6 国。

四、本项目中国标准应用情况

本工程测量遵循《卡塔尔测量手册》的规定，其基本内容和要求与中国公路测量标准相差不大。合同文件中对于测量的特殊性要求摘录如下：

（1）工程测量结果应得到相应工程师的批准，但工程师对任何测量放样的检查、验收都不免除承包商确保测量工作准确无误的义务；

（2）承包商应对工程师提供的测量基准点放样的准确性负责，由此产生的任何工程误差由承包商负责纠正，除非是工程师提供的基准点信息有误，否则业主不承担任何这类纠正的费用；

（3）测量工作的完成时间应包含在承包商制定的关键线路进度计划中，该进度计划未获得工程师书面批准之前不准开始任何工作；

（4）承包商应对现场进行断面测量，断面间隔应足以代表现场的地形特征，任何情况下断面间隔不应超过50m；

（5）在工程放样之前，承包商应确定现场范围内所有现存地下设施的位置，并准备所有地下设施的位置信息图（包括其埋藏深度）；现存设施与拟建工程的任何冲突都要及早告知工程师，若承包商未尽到查明和确认义务，则由此造成的任何返工费用由承包商承担；

（6）承包商应为工程师提供必要的测量设备，并使其保持良好的工作状态，以供工程师校验测量使用，同时提供必要的人员、交通等协助。

卡塔尔规范要求：

承包商应建设、维护进场道路，并在工作完成后移除该道路，恢复原貌至安全、稳固的程度，并恢复原有的排水设施。提供并维护使该区域车辆满意的出入口，并按照《卡塔尔交通手册》的要求，设置交通标志牌和路灯，并满足交警和工程师的其他要求。为该区域的人员提供出入口和人行通道，并做好维护工作，保证所有交通设施保持在良好的运行状态。道路导流方案实施流程为：承包商准备导流方案和图纸→提交工程师代表签章→提交工程师签章→提交业主签章→提交交通部门签章→建造分流道路、隔离措施和标志牌→提前3天在交通部规定的主流报纸发布广告→请交警于约定的时间到场共同实施导流。

在开始任何土方作业或清表前，承包商应咨询市政和农业部的测量部门，来确认是否有国家测量控制点将要或可能在施工过程中被扰动。如果测量部门要求移动国家测量控制点，承包商应负责重建控制点，并雇佣测量部门批准的测量公司执行重建的测量工作。项目完工后，测量部门将颁发证书，说明承包商按照测量部门的要求恢复或保护了国家测量控制点。

所有检验检测都应在有工程师批准的、具有业主签发的资质证书的第三方实验室执行，工程师可以要求承包商提供材料样品并运送至环境部标准实验室（LSA）进行额外的检测。

承包商应开挖并移除施工场地表面的砂子、植被、杂物等不合格材料至工程师指定的厚度，并转运至工程师指定的地点存放，不得开挖自然地面。路堤范围内的树根和腐殖土必须移除至路基高程以下不少于1m，路堤范围外的树根和腐殖土必须移除至设计地面高程以下不少于0.5m。清表产生的坑应采用合格的回填土分层回填碾压至地表。

五、小结

本项目未采用中国标准。

总体来说，国外建筑市场大多采用欧美标准，或由其发展而来。欧美工程技术标准体系是大土木的框架，其标准针对领域内所有类型的工程项目，且各专业标准同时涵盖设计、施工、验收和运营维护管理方面的要求，一般在同一个专业规范（系列）的不同篇章中叙述，对工程项目全寿命规范，避免了标准间的矛盾。对某一具体项目来说也可能在其项目技术规范中对一些具体的施工内容制定特殊要求。中国的标准体系相对松散，除了国家标准以外，即使针对相同的工程内容，各行业、各领域都有各自的标准和规范，造成了很多重复、矛盾之处。

卡塔尔建筑市场主要采用卡塔尔施工标准和欧美标准，卡塔尔施工标准本身也是由欧美标准发展而来，只是在其基础上加入了一些适应本国自然条件的规定，因而标准间的协调性较好。国外标准对路桥的施工工艺较少有具体的规定，一般是从技术指标上加以规范。在实际工程施工工艺方面和中国的差别较小，主要在原材料检测和控制的指标上有差异，比如底基层级配碎石，卡塔尔标准要求检测砂当量，对当地料源来说这是一个较难满足的指标，而中国则无此要求。

标准应用上，卡塔尔标准及欧美标准的要求较高，程序上较为复杂，对项目的成本、进度影响较大，降低了项目的利润水平，有时甚至会带来亏损风险。例如，P6公路项目的便道，按照卡塔尔施工标准和交通手册，建设标准与永久道路相同。因投标阶段对标准要求没能深入了解，按泥结碎石路面报价，导致了近千万美元的报价损失。项目执行过程中出现的技术变更，往往会给项目带来较大影响，同时也会带来一些机会。

P6公路项目利用项目上的主要变更，扭转了项目延期罚款的不利局面，使项目扭亏减亏并带来了实际收益。

在高标准市场环境下，适应标准要求，达到业主满意，虽然在成本上有所增加，但也会对市场的持续开拓、扩大市场份额起到积极作用。P6公路项目后期，业主曾几次表达希望中水电继续参与项目投标的想法，还邀请承包商参与过后续项目的投标。

卡塔尔为了实现跨越式发展，整个国家的发展战略层面都在向先进的欧美国家学习和靠拢。在建筑工程市场上，不但其国家技术标准是借鉴欧美标准而来，工程规划、设计和管理等方面也主要由欧美工程咨询管理公司承揽。PWA项目的口号是“Qatar Deserve The Best”（卡塔尔值得最好的），由此可见业主对于项目的高要求。P6公路项目动工之初，有关人员大多没有在卡塔尔工作的经验，对当地的标准体系不熟悉，对业主的项目管理模式也不适应。项目前期，项目执行团队本就忙于熟悉合同内容和研究项目具体的施工组织设计，额外还要熟悉、了解众多有关的当地标准和欧美标准，否则和工程师就没法对话和衔接，工作就没法开展，这就容易造成前期准备工作效率低下，给整个项目的工期带来不利影响。P6公路项目之所以工期延长，和项目前期启动阶段的被动局面是密切相关的。在这种市场条件下，项目执行团队的组建要充分考虑到人才配备的合理性，以提高项目的执行力。

另外，国外执行项目的团队在标准应用方面，往往是涉及哪个就学习了解一下哪个具体的条文，并没有对当地标准、欧美标准形成一个系统、深入的认识，甚至对涉及的标准没有一个完整的理解，容易出现对标准要求一知半解、模棱两可的情况。在这样的认识基础上，去指导施工实践难免会出问题。针对这种问题，项目也采取了一些针对性的措施，对一些专业性强、技术难度大的工程内容，重点进行规范解读，在技术交底、图纸交底的时候，邀请合作单位、专业分包商召开讲座，取得了一定的效果。

标准应用的另一个经验就是要常常和工程师沟通。工程师们和承包方工作人员因为各自的教育背景、工作经历都不尽相同，交换彼此对问题的看法和想问题的角度对加深理解、找到正确的答案是非常有益的。再者，这种交流也有助于加深和工程师在工作中的理解和互信，并最终有利于项目工作的开展。

卡塔尔市场参照美国和英国标准，建立了一套自己的标准体系，但该市场发展时间尚短，部分领域不具备满足欧美标准的条件，在实施过程中项目部可以根据实际状况争取规避个别条款。例如本项目合同要求采用卡塔尔施工规范2007版，项目开工后，业主发布变更指令，要求使用更新后的2010版，对比2007版规范对水泥的技术性能的要求，在检验两天水泥试块抗压强度的基础上，增加28天抗压强度检验（由工程师决定是否检验）。在项目实施过程中，工程师要求项目部检验水泥试块28天抗压强度，但经过两轮的取样检验后，均不满足标准要求值。由于卡塔尔水泥厂为当地唯一货源，其生产的水泥不能满足新标准要求，在耗费两个月的时间后，项目各参与方考虑到工期的压力，放弃了28天抗压强度的要求。

对于推进中国标准国际化有如下建议。

第一，系统学习和培训。中国的工程师在执行国际工程之前，语言能力、教育背景、工作经历往往与国际项目的要求并不相匹配，能够在承接国外项目之前对国外的技术标准有一个系统的学习，至少对要承接项目国的相关标准先期进行系统深入的学习，对适应工作要求、提高工作效率都是很有助益的。建议针对欧美标准和其他国际主流的相关标准举办一系列的培训班，一方面可以让中国工程师对国际主流标准体系有个系统的认识；另一方面对承接项目的应用标准要求有更加系统、深入的理解，增强整个企业海外市场的开拓经营和项目执行能力。

第二，提高人才的本土化。随着中国人力成本的日渐上涨，原来国际工程项目管理团队和主要骨干施工人员全部从中国派遣的模式日益变得不可持续。随着业务逐渐向中东、欧美等高端市场拓展，对项目执行团队的整体素质和专业能力的要求也越来越高。在这种背景下，雇用本土人才应该是从根本解决问题的途径之一。本土人才或长期在国际上从事工程项目的人才，对市场环境、规范标准等较为熟悉，做起工作来能够事半功倍，将少量中国人员与他们组织在一起，有利于提高中国人员对标准的理解和应用，从而提高国际工程技术标准的应用水平。

目前中国承包商国外项目人才本土化的比例并不高，对于本土雇员或者国际雇员的使用和管理仍没有形成系统的制度，在其职业发展、绩效考核等方面仍存在种种问题。提高人才本土化对目前中国承包商在国际市场上传统的经营策略和长期以来形成的项目执行模式来说是一个严峻的考验，也是一个变革的良机。

第三，中国标准国际化需内外兼修。中国标准国际化可从根本上提高中国承包商的国际工程技术标准应用水平，但这是一项长期而艰巨的工作，要内外兼修，首先要解决好自身存在的问题，走引进、消化、吸收和完善、超越的道路，将中国标准建设成为系统性、协调性、适用性强的标准体系；其次还要提升咨询设计和设备制造方面的支撑力度，加强设计引领和设备、服务配套，以达到事半功倍的效果。

案例 8 莫桑比克马普托大桥项目

一、基本信息

1. 项目名称
莫桑比克马普托大桥

2. 项目所在地
莫桑比克马普托市

3. 项目所在领域
公路桥梁项目

4. 项目规模
大型公路桥梁项目

5. 项目起止时间
2012年9月20日—2018年11月10日

6. 建设方
马普托南部发展公司（EDMS）

7. 设计单位
中交第二公路勘察设计研究院有限公司和中国公路工程咨询集团有限公司

8. 总承包单位
中国路桥工程有限责任公司

二、项目合同中的规定

业主在业主要求中规定了总承包合同的工程范围、工程指标和技术标准、主要设计和施工标准、承包商文件要求、承包商员工、健康、安全、环保、质量、合同款支付、业主人员、必要的试验等内容。

合同的通用条款基于国际咨询工程师联合会菲迪克（FIDIC）银皮书（Conditions of Contract for EPC/Turnkey Projects）编制，合同通用条款中依据FIDIC银皮书中相关条款，对安全程序、质量保护、环境保护、现场安保、员工健康和安全等方面提出了相关要求。特殊条款中包含了根据项目实际情况的通用条款解释，业主进出场地权限许可、执照或批准，业主的职责和权利，承包商保函、安全、质量、环保及场地安全等义务，承包商设计范围、承包商文件、技术标准的规范，劳工，项目的开工、延误和暂定，业主分段接收工程的最小范围，履约证书的颁发，变更和调整，合同额和支付，保险范围，争议调解委员会的设立和仲裁等内容。

业主在其技术要求中指定了工程范围，包含路线的总长度、需要连接的道路和区域、道路和桥梁的车道数、线性设计要求、路基路面设计要求、设计行车速度、桥梁的平面布置、结构需要满足航空、航海部门的要求、桥梁美观设计、收费服务站建设、公用设计预埋管道、桥梁检修通道、景观和道路照明、结构耐久性、钢结构等级、信号和安全标志设计、工程施工顺序、全生命周期设计及设计和施工标准等方面。

项目在执行过程中严格按照FIDIC银皮书合同第七章关于生产设备、材料和工艺的条款，在遵守合同设计和施工标准与当时习惯的前提下，项目主要所需砂石料、水泥、交通工程设施等当地市场成熟的原材料由本地或南非市场采购，钢筋、钢结构、主要施工设备、永久性项目设备在中国加工或采购。所有的材料和设备均需中国或当地按照相关的要求进行内部试验或邀请第三方检测控制。

通用条款中依据FIDIC银皮书，对环境保护作出了如下规定：承包商应采取一切适当措施，保护（现场内外）环境，限制由其施工作业引起的污染、噪声和其他后果对公众和财产造成的损害；承包商应确保因其活动产生的气体排放、地面排水及排污等不超过雇主要求中规定的数值，也不超过适用法律规定的数值。

特殊条款中规定，为了有效地实施环境保护，承包商需要遵守当地环保相关的法律和规章制度要求，采取一些必要的手段和预防措施。

业主要求中规定，承包商须采取合理措施保护环境，并遵守合同通用条件中的分条款环境保护要求。须遵守莫桑比克关于环境的法律和条规。详细设计和作业须满足莫桑比克环境局（MICOA）的要求，在必要之处，还要满足马普托自然保护区管理局的要求。承包商须提出减少对环境影响的措施。承包商有义务遵守相关环境监管当局的要求。

合同的特殊条款对安全程序相关内容的工作时间作出了界定：承包商的安全程序应该始终开展，持续到工程移交给业主为止。对现场安保增加如下内容：现场安保工作应当由业主负责组织，承包商承担相关的费用；在员工职业健康和安全方面，增加了害虫滋扰防护、传染病防治、死亡事件处置、药物供给、武器装备、节日和传统习俗方面的规定。

业主要求文件中对质量提出如下要求：承包商须指定一个质量保证系统，以示遵守合同通用条件分条款4.9中的要求。承包商指派质量保证经理，负责与业主就质量保证活动进行协商。承包商将质量保证计划提交给业主，待业主审批。健康和安全方面提出如下规定：承包商须提供条件，确保现场健康和安全，见合同通用条件分条款要求，并遵守莫桑比克相关法律，包括承包商员工、业主员工，以及所有现场人员，不管被授权与否。开工前，承包商须提供健康和安全计划，并告知业主。

合同特殊条款中对工程的分段接收作出如下规定：按照业主代表和承包商的约定，业主接收分段工程的最小量为6km。对缺陷责任期和履约证书的颁发作出如下规定：缺陷责任期应为12个月，在缺陷责任期将要期满时，业主应当组织一个包含业主和承包商代表的专门验收委员会，这个委员会需要在现场开展详细的终验验收工作以确保颁发证书，该委员会应该在缺陷责任期期满的前7天内完成其所指派的工作，如果该工作未完成，那么在缺陷责任期期满的7天，履约证书视为自动发放。

三、本项目中国标准应用情况

项目采用中国标准施工，过程中的施工控制、监控、荷载试验和验收等工作均采用中国公路和桥梁工程相关标准、规范和规程控制。完工后的桥梁及道路工程测量结果均在规范允许的范围之内，与中国工程测量做法基本相同。

大桥结构采用中国标准设计、欧洲规范验算的模式，采用中国标准施工。项目中的桥梁结构（包括混凝土和钢结构）、涵洞、道路等按照中国标准设计，桥梁主体结构设计均顺利通过了欧洲标准的验算。交通及安全工程按照南部非洲规范设计。电气及照明、景观工程参照中国标准符合国际电工联盟的相关技术规范设计。

南部非洲标准关于交通及安全工程设计有一套覆盖该地区多个国家的设计指南，统筹了公路、市政等多个领域，与中国的相关标准相比较为系统。莫桑比克当地低压变压器的标准输入电压为11kV，而中国为10kV，因此在电气工程设计中需要就此作出相应的调整，其他电气设计内容均与中国相同，由富有中国电气设计经验的设计师完成。

以下为中欧标准在具体设计时的一些对比。

（一）中欧混凝土公路桥梁设计标准对比

（1）按照正常使用极限状态设计时，中欧标准组合类型有所不同，欧洲桥梁标准有标准组合、频遇组合和准永久组合，而中国公路桥梁标准有作用短期效应组合和长期效应组合。此外，中国标准规定了三种设计状态，而欧洲桥梁标准规定了四种设计状态，不同之处在于欧洲桥梁标准不将地震设计状态归为偶然状态，而是单独作为一种设计状态考虑。

（2）对于设计基准期为100年的不用安全等级的桥梁，中国标准的目标可靠度指标值大于欧洲规范的对应取值。

（3）材料方面，中国标准采用棱柱体抗压强度作为混凝土抗压强度的标准值，而欧洲标准主要采用的是圆柱体抗压强度标准值。当考虑材料分项系数后，欧洲标准采用的混凝土抗压强度设计值均比中国标准大，而抗拉强度设计值略小于中国标准。对于普通钢筋和预应力钢筋，二者在种类、强度指标上均不相同，欧标规定的种类更多、材料安全系数较中国低。

（4）荷载效应方面，中欧标准对荷载分项系数和组合系数的规定不同，欧洲标准对沥青混凝土的重度设计取值大于中国标准；中欧标准对设计车道数的规定有所不同，且汽车荷载的计算模式差异较大。

（二）中欧钢桥设计标准对比

（1）对于一般设计原则，中欧标准要求大体相似，中国标准主要采用全概率极限法、半概率极限法以及安全系数法等，欧洲标准主要采用安全系数法，公式中计算参数和分项系数均根据实际工程中的经验估计得到。

（2）材料设计标准上，中欧标准最主要的区别在于中国标准规定的钢材与同级别欧洲标准的钢材相比，强度都要偏低一些，且欧洲标准还多规定了两种高强度钢材。

对钢材本构模型的定义上，中国标准给出了理想弹塑性体和试验修正两种模型，欧洲标准根据拉伸屈服和应变硬化不同分成四条应力、应变曲线，并介绍了有限元设计方法的计算过程。

（3）对结构设计分析的研究，在结构建模上中欧标准无较大差异，设计理念基本一致。对竖向挠度限值的规定，中国标准针对不同桥型采用不同限值，欧洲标准只是笼统地给出全部适用的一个限值。

（4）在稳定性设计方面，两套标准基本思路一致，以压杆稳定理论作为整体稳定性计算依据，以薄板稳定理论作为局部稳定性计算依据，同时引入稳定性系数作为计算参考，但欧洲标准划分了不同的四类截面，并贯穿应用在整个稳定性设计中。中国标准给出四条稳定性系数曲线，欧洲标准给出五条曲线，并各自推导提出稳定性系数的计算公式。

（5）对于连接件，两套标准要求大体保持一致，但欧洲标准规定得更为详细。对于螺栓的分类，中国标准相对简单，欧洲标准分类更为详细。对于铆钉间距的规定，中国标准在各个部位的限值普遍大于欧洲标准。

（6）对于焊接的设计，中国标准规定若焊缝直接承受动荷载，采用折减应力法；若焊缝承受静荷载和间接活载，采用单一应力法，欧洲标准规定均采用折算应力法。

本项目采用中国标准主要的问题为所有采用中国标准设计、欧洲标准验算的设计文件均需要得到监理和业主的批复，而在此过程中，由于中国设计工程师对欧洲标准熟悉度不高，而国外的监理和业主对中国标准不熟悉或者没有建立充分的信任，显现出中外思维方式、文化和语言的沟通障碍。

由于采用中国标准设计，项目绝大多数的钢材、机械设备、电气设备、施工机具均由中国出口，有效地带动了中国建筑材料和设备的国际化。

项目培养了一批既熟悉中国标准又了解欧洲和南部非洲标准的国际化人才，为未来的国际市场开拓提供了坚实的智力保障。项目采用中国标准设计、欧洲标准验算的成功，有效地彰显了中国标准的科学性、合理性和实用性，无论是欧洲监理还是当地业主，对中国标准都由最初的不了解、不认可，变成了交口称赞。

马普托大桥的成功建设，有效地带动了中国标准在南部非洲的落地生根，是“中国建造”在当地的一张绚丽的名片，为宣传中国国家形象、中资企业开拓当地市场、扩大在基建领域内的市场份额作出了重要的贡献。

四、小结

随着经济的蓬勃发展，中国建设了一大批桥梁，尤其是大跨径桥梁，这方面中国已经走在了世界的最前列，拥有世界范围内最丰富的设计、施工经验。中国公路桥梁标准也随着桥梁建设事业的蓬勃发展而取得了长足的进步。当前中国的公路桥梁标准品类完备、涉及面广泛且科学实用，能够满足绝大多数桥梁设计、施工的要求。采用中国标准编制的马普托大桥设计文件，结构设计安全性通过了欧洲监理和业主先后聘请的多家知名国际咨询公司层层审核并最终获得批复，有效证明了中国标准的科学性、合理性和实用性。

根据马普托大桥海外现场实施和管理的经验，以下分别从规范标准建设、人才队伍建设、思想文化建设、管理和制度建设等方面对国际工程建设标准应用的思考与启示进行阐述。

（一）规范标准建设

打铁还需自身硬，想要有效推动中国标准走出去，首先需要一套合理、科学、覆盖面广、便于理解的标准体系。

（1）由于中国工程经验丰富，标准中往往包括不少通过实践或试验总结出的经验公式或经验参数，而国外尤其是欧美国家标准的设计习惯是偏重于理论、原理和概念，因此，在采用中国标准开展设计和施工时，中方经常面临如何向外方有效解释的问题。

例如，马普托大桥在施工前期依据中国交通行业标准《基桩静载试验　自平衡法》（JT/T 738-2009），通过自平衡法测试试验桩基承载力时，试验桩上部土承载力的修正系数根据土的类型不同而取不同的数值，而该修正系数便是中国通过工程实践总结而来的。在与外方谈判过程中，业主和监理认为该经验参数是根据中国的地质特征总结而来，无法证明在南部非洲同样适用，因而，最终不得不采用了很保守的系数来开展后续的设计计算工作。

针对该情况，一方面，需要加强实践或试验的背景资料撰写和解释工作；另一方面中国标准也需要加强相关的理论深度，使中国工程师在使用标准时能做到知其然更知其所以然。例如，为了更好地解释欧洲钢结构标准有关板结构的设计条文（Eurocode3：Design of Steel Structures　Part1-5：Plated Structural Elements），标准的主要编写者还专门出书立著（详见*DESIGN OF PLATED STRUCTURES* Eurocode3：Design of Steel Structures　Part1-5：Plated Structural Elements，作者Darko Beg等），为规范的学习者和使用者提供标准条文的背景信息甚至是设计实例，极大地促进了工程师对标准的理解和认可。

（2）在中国，公路、铁路、市政、建筑、海洋工程等不同行业都有其内部的行业通行标准，这与欧美标准偏重于大土木通用知识的系统性，并与专业细分标准一起构成一套庞大的标准体系有很大差异。也正是因为中国标准缺乏整体性的特点，导致接口文件难以协调一致。例如，中国不同行业中，相同标号的混凝土强度标准值和强度设计值都存在不一致。这种标准文件不一致的情况在海外工程推介中国标准过程中极易造成困扰。

（3）中国设计规范的编制，往往与中国的材料、设备供应及行业内的习惯等因素息息相关，但为了推进标准走出去，更好地适应国际市场的习惯，就必须加强中国标准和国际其他先进标准接轨的工作。在进入发达国家基建市场时，这项工作就显得尤为重要。

例如，中国最新的公路桥梁混凝土设计规范《公路钢筋混凝土及预应力混凝土桥涵设计规范》规定的桥梁使用的最高标号混凝土为C80，而一些欧洲发达国家最近新建或即将修建的一些斜拉桥和悬索桥的主塔结构中已经开始使用C85混凝土，而中国还缺乏相关的研究成果和实践经验。而于2019年2月1日正式实施的国家标准《低合金高强度结构钢》（GB/T 1591–2018）中，取消了Q345B钢材，改为Q355B钢材（对应于欧标中的S355钢材），便是主动向国际接轨的良好实例。

（4）中国的结构设计标准往往只针对主体的设计，缺乏对附属构造细节设计的描述。以钢桥面防撞护栏为例，欧洲规范的相关条款中详细规定了各种防撞护栏的结构类型、连接方式和防撞计算的各种荷载工况等内容，而在中国的标准规范体系中则较难找到相关的指导性条款。在国际工程实践中，容易遇到监理、业主或咨询工程师针对这类附属结构细节的设计提出相关问题，甚至要求按照国外标准中的各项要求逐一进行验算。这给设计人员提出了极大的挑战，客观上也制约了设计文件的审批工作。因此，中国的结构设计标准应加强对结构附属构件的理论研究与规范制定工作。

（5）马普托大桥桥梁结构的原始设计文件采用中国标准设计，而在经过欧洲标准验算之后，主要发生了一些构造细节方面的变化。这些变化产生的原因，一方面是由中欧标准间存在差异，另一方面是中国结构设计标准比较缺乏对构造细节的规定，例如受力复杂的混凝土锚下应力区的构造细节设计、采用拉–压杆模型对混凝土局部细节的分析等。同时，由于中国标准缺乏结构精细化分析，因此在部分结构构件上设计偏于保守，造成材料的浪费。所以，无论是在规范描述还是设计实践中都应加强对结构细节的把控，实现桥梁结构的精细化分析。

（6）为了推动中国标准的国际化工作，已经有一批中国标准被翻译成了英文、法文等文种，但由于中国标准种类繁多，标准升级换代频次快，仍然有大量的设计、施工、材料、试验等标准未被翻译成外文版或者翻译版本未能跟上再版的步伐。

例如，在马普托大桥项目的实践过程中，中国工程师们开展了大量的实验和试验工作，而支撑这些工作的相关标准，例如中国交通行业标准《基桩静载试验　自平衡法》、行业推荐性标准《公路桥梁荷载试验规程》等大量标准均无英文翻译版；桥梁结构中使用的钢结构材料标准、结构涂装防腐标准也尚无外文翻译版。为了做好国外同行的沟通交流说服工作，项目不得不安排专人对一些标准的条文进行翻译解释，既增加了成本，也造成了时间延误。

而且，由于中外思维习惯的差异、译者对专业词汇掌握不足等因素，外方对现行的翻译版中国标准部分条款存在误解或看不懂的情况，因此中国标准的翻译质量亟待提高。

如，中国现行的公路桥梁施工指导性标准为2020年10月更新的《公路桥涵施工技术规范》（JTG/T 3650–2020），而现有的英文译本对应于2000年出版的施工技术规范，译本没能及时跟上标准的更新步伐，阻碍了标准的国际化工作。

（7）中国的标准制定源于中国的实际情况，部分条款可能不适用于海外其他国家。中方设计师不应仅仅局限于中国设计规范，还应积极了解当地的相关行业习惯，详细调研项目所在区域的气象、地质、水文等情况，因地制宜地开展设计工作，必要时需要开展专门的课题进行研究。随着中国工程走出去步伐的进一步加快和国际工程经验的深入积累，中国规范可根据世界各地的不同情况，增补一些适用于当地的标准条文。

（二）人才队伍建设

人才是推动标准国际化的核心力量，中国工程师在海外工作中与外方的沟通、共事，是使外方有效理解和接受中国规范最为重要的环节之一，为此应从以下几个方面加强人才队伍建设。

（1）专业工作者不应局限于对中国标准的掌握，还需要加强对欧美等发达国家或项目当地规范和专业书籍的学习，更好地了解国外思考逻辑和对专业内容的表达方式，这样有利于提高与外方的沟通效率。同时，熟悉了外国规范，在遇到特定问题时，容易快速找到外国规范相似条款与中国标准做对比，更容易使外方接受。

（2）许多国际工程从业者在工作中一人多岗，承受着工作的繁忙和日常交流的困扰，中方企业应为海外工程从业者参加培训和学习交流创造更多的机会。

（3）国际工程需要通语言、懂技术、善管理、知合同的复合型人才，人在推进标准走出去的过程中起着桥梁的作用，因此建设具备复合型技能的人才队伍尤为重要。

（三）思想文化建设

有效的沟通离不开思想文化的融合，尤其对于国际工程，思想文化建设更是不容小觑。

（1）由于各国的风俗、传统、信仰和礼仪存在着差异，在推进中国标准走出去、和项目所在国人员交流时，必须很好地学习了解当地的商务礼仪习惯，理解、尊重他人，避免不合适的行为导致情感上的交流障碍。

（2）专业人员应加强语言沟通能力和多文化背景的学习，尤其需要了解当地人思维和行事逻辑与习惯，这样在沟通过程中，有利于切中要害，抓住对方关切的重点，实现高效率的沟通。

（四）管理和制度建设

由于海外项目的复杂性和特殊性，中方企业必须根据海外项目的特点并结合项目所在地的实际情况，因地制宜、对症下药地制定相关的管理策略和制度保障。有效管理和制度建设是能否推进标准走出去、使具体的项目在海外落地生根的重要保障。

（1）项目的前期规划、设计和沟通工作是赢得业主信任和确保后期工作有效开展的决定性因素，因此选派素质高超、能力卓越、有足够国际工程经验的工程技术人员开展前期工作，对项目的推进及业主对中国标准的接受将起到重要的作用。

（2）中国企业已经在中国和海外实施了许多知名度高、技术难度高、涉及多种类型的基础设施项目，这些项目的成功建设是中国标准科学性、合理性和实用性最直观的证明。虽然中国一些大型项目在建设后出版了许多建造技术总结方面的专著，但鲜有外文翻译版，中资企业近年来在国外也实施了众多采用中国标准的大型项目，但很少看到关于中国国际工程经验总结的外文书籍出版。如能提供这些大型项目的相关外文技术总结资料，国际工程界将会更好地了解中国设计和中国建造，更容易接受中国标准和经验。

（3）对于像马普托大桥这样的大型、复杂的结构，设计中一个不可回避的环节是有关机械设备选型的问题。诸如大跨径桥梁阻尼器、支座这类工作复杂的机械设备，结构设计师在开展设计时往往只根据桥梁结构的力学性能分析要求选型，而对这些设备的工作原理所知甚少。而在推动中国标准和设备走出去的进程中，外国业主和监理往往对这类复杂机械特别关注，有时会事无巨细地了解设备的工作原理、性能和指标。为此，在项目管理的过程中，设计部门与设备材料供应厂家应做到无缝衔接，以更好地完成答疑解惑工作。

（4）为了更快地适应国际工程市场，聘请国际工程咨询公司或与项目所在国工程公司组成联营体，利用其国际工程思维和操作习惯，以及熟悉国际工程市场和当地市场环境等优势，相互取长补短，对项目的推进无疑具有积极作用。

案例9 哥伦比亚Mar2公路项目

一、基本信息

1. 项目名称

哥伦比亚Mar2公路

2. 项目所在地

哥伦比亚安提奥基亚省

3. 项目所在领域

公路项目

4. 项目规模

大型公路项目

5. 项目起止时间

2018年7月31日至今

6. 建设方

项目公司SPV（AUTOPISTAS URAB S.A.S）

7. 设计单位

AECOM和当地设计公司组成的联合体

8. 总承包单位

中国港湾工程有限责任公司

二、项目合同中的规定

业主提供的招标文件编写规范，内容繁多，使用西班牙语。合同中业主对设计、施工、操作、土地管理、社会和环境管理、税收、处罚、担保等方面均有严格要求。

本项目采用哥伦比亚双车道高速公路国家标准，主要设计依据有：几何设计依据国家道路研究所（INVIAS）发布的2008版《道路几何设计手册》，同时参照美国国家公路与运输协会（AASHTO）《公路与城市道路几何设计》为标准对各项参数进行检验；道路排水及路面设计依据哥伦比亚、中国规范执行，同时参照AASHTO《路面结构设计》标准对各项参数进行检验；结构设计依据欧洲标准执行。隧道施工依照以下规范：（1）国家道路局（INV）《一般技术规格书》；（2）国家道路局（INV）《线型设计手册》；（3）《公路排水手册（2009）》；（4）《公路材料的试验及规范（2013）》。

在本合同有效期间，被许可方有责任获取以及持有如下证明并交纳相关费用：（1）在装料区域以及废物排放区域材料供货所需的执照和许可证和（或）特许经营权；（2）地役权、租赁权或征地、施工以及对通往施工现场的通路进行改善和维护的费用；（3）材料采购、加工、运输等以及获取材料所必要的其他费用（包括但不限于税费、管理费或之外的其他费用等）。

运营前阶段和运营阶段的活动应符合哥伦比亚适用法律关于待解决争议的环境和社会准则的规定。

被许可方应向审计员或哥伦比亚国家基础设施局（ANI）提供证明，以表示对所有设施进行了必要的检查，并对所开展的工程进行了测量和测试。

被许可方应允许监理人员和ANI的官员，在开展本项工程的所有材料堆放地、车间和场址自由进出；若审计员需要，被许可方必须陪同其开展检验和监督工作，并提供所需设备和条件。

三、小结

本项目采用哥伦比亚双车道高速公路国家标准。

案例10 玻利维亚鲁雷纳瓦克—里韦拉尔塔公路项目

一、基本信息

1. 项目名称

   玻利维亚鲁雷纳瓦克—里韦拉尔塔公路

2. 项目所在地

   玻利维亚贝尼省

3. 项目所在领域

   公路工程

4. 项目规模

   全长508.07km，合同金额5.79亿美元

5. 项目起止时间

   2015年11月30日—2022年7月30日

6. 建设方

   玻利维亚公路管理局（简称ABC）

7. 咨询单位

   玻利维亚INPOLA监理公司、ABC内部监理团队

8. 设计单位

   玻利维亚CAEM设计公司、中交一院

9. 总承包单位

   中国铁建国际集团

二、项目概况

鲁雷纳瓦克—里韦拉尔塔公路全长508.07km，位于玻利维亚东北部的贝尼省。该条线路建于20世纪80年代初，是玻利维亚西北通道的一部分。该走廊从拉巴斯延伸至巴西边境的瓜亚拉梅林，跨越超过玻利维亚三分之一的地理区域。为拉巴斯市乃至玻利维亚整个北部地区以及道路沿线的其他城市居住人口提供了永久、安全的通道。这条主要交通通道加强了玻利维亚的道路系统建设，缩短了出行距离和时间，减少了运输（客运和货运）成本，促进了该地区的生产活动，加强了对道路周边区域的影响。该道路改造工程对玻利维亚各地区加强联系起着至关重要的作用。同时具备作为重要国际贸易线路的功能，将商品通过智利和秘鲁的太平洋港口从巴西出口到亚洲市场。

鲁雷纳瓦克至里韦拉尔塔公路项目是中国进出口银行对拉美优惠贷款项目，总投资5.79亿美元，长度为508.07km，双向两车道，属于干道二级公路，采用EPC承包模式。项目所在地玻利维亚贝尼省，业主是玻利维亚公路管理局（现归贝尼省公路局管理）。

鲁雷纳瓦克—里韦拉尔塔公路项目于2014年8月27日签署商务合同，于2015年6月30日促成中国进出口银行与玻利维亚规划发展部签署融资协议，于2015年11月12日开具项目履约保函，商务合同生效。2015年11月30日，在项目动员预付款未到账的情况下，玻利维亚公路管理局下达了开工令，项目进入执行阶段。2019年8月8日签署了主要内容为项目工期延期的三号补充合同。

截至2020年的项目进展：设计整体已批复，已完成开工累计产值3.56亿美元，占比61.49%；施工过程受玻方自筹资金（占项目合同总额15%）不到位、玻利维亚政治局势动荡、缺少专业的监理团队等影响，施工履约难度较大。

三、项目合同中的规定

本合同承包商需遵守的法律法规：玻利维亚政府管理与控制法、财产与服务管理体系基础规定、自然环境保护法、土壤、动植物与保护区自然环境规范条例、关于沥青预付款申请的法规和玻利维亚劳动法。同时承包商也应负责保证分包商严格履行上述法律法规。

项目采用玻利维亚公路管理局（ABC）公路设计手册和标准、ABC技术手册（2007版）、美国AASHTO标准。

承包商公司组建证明文件、承包商有效工商注册证明文件、税务登记证、承包商代表的授权书均在合同中有相关要求。

业主对于国内外设备、材料采购及认证没有认证要求，但基于美国公共道路办公室常规技术规范FP-85标准规格要求的所有商品和材料为指定质量和数量所需施工的材料，需符合技术规则要求。

项目的施工与质量控制与条款先决条件必须满足获得ABC更新项目的环境许可证（鲁雷纳瓦克—奥斯特拉里亚—里韦拉尔塔），并根据自然环境保护法及相关实施条例施工，并修改、补充、更新对应的工程项目管理文件，并获得ABC的许可。该公司可选择在施工过程中发放路权，如因延误导致不能顺利发放路权，ABC不接受停工。

如果承包商以交钥匙方式按照合同规定圆满完成施工阶段的所有工程项，即可启动临时验收。临时验收由监理和业主指定的验收委员会共同完成。

承包商应在临时验收实施前至少15个工作日以书面形式向监理明确通知工程临时验收的预计日期。监理将通知业主临时验收的日期，以便业主指派验收委员会进行临时验收。如果由于业主原因在收到承包商通知之后的30个日历日之内没有实施工程验收，那么将视同默认完成了工程验收，且被验收的工程不存在缺陷。

在监理收到业主签发的验收确认书之后，将在临时验收通知日期之后的3个工作日内启动临时验收，临时验收应生成必要的书面证明文件，并将该证明文件在签发之时交给各方，书面文件中记录发现的缺陷、异常与待改进之处，并责令承包商在自临时验收起的180个日历日内对缺陷进行整改。

若监理认为在临时验收过程中发现的不足和缺陷并非特别严重且被工程类型允许，可授权开始使用完工工程。若缺陷较为明显，监理有权拒绝验收，并按照合同相关规定予以处理，直到本阶段工程满意交付。

如果承包商在180个日历日内完成了临时验收时发现的工程缺陷整改，那么将立即启动最终验收。最终验收实施前，承包商应至少提前15个工作日以书面形式向监理明确通知工程最终验收的日期。监理将通知业主以便业主指定验收委员会进行最终验收。如果由于业主原因，在收到承包商通知函之后的30个日历日之内没有实施工程最终验收，那么将视同默认完成了工程验收，且被验收的工程不存在缺陷。

承包商书面文件中应当写明临时验收证书中指出的工程缺陷（如果有的话）已经完成了补救和整改。监理将指定日期和时间对修复工程进行审核和验收并通知业主。监理在指定时间内实施技术审查，检验过程中如果没有发现异常情况，则启动最终验收，为此将编制相关证明文件，并在最终验收时颁发给签约各方。业主指派的技术人员将作为最终验收委员会成员。监理要在所有参与验收人员编制及签字的文件内容中清晰明确地说明实际情况。从承包商递交申请到最终验收完成，整个过程不应超过10个工作日。若在技术检查过程中发现仍有缺陷部位未及时整改，在工程完全达到合同条件之前，不进行最终验收，直至工程圆满结束，在合同规定应当完成最终验收的时间至实际完成最终验收时间期间，将按照合同的规定进行处理，直到工程在本阶段得到圆满交付。

最终验收质保期为12个月。

四、本项目中国标准应用情况

本项目采用美国标准。美国标准重视过程取样频率，注重各种计算证明支撑，施工过程试验检测较为严苛，对材料的定义清晰、指向明确；对施工工艺不进行特殊要求。

除了美国标准外，其他国家标准无法得到业主认可。推动中国工程建设标准国际化存在的困难在于有资质的试验室采用的试验仪器、标准均为美标，采用中国标准难度巨大，除非融资项目有强制要求采用中国标准，并且承包商须获得所在国认可的资质。

中外标准应用差异主要包括以下几个方面。

勘察阶段（初始设计阶段）：此阶段执行主体非EPC承包商。业主委托由Carl–Bro–CAEM联合体完成勘察设计。承包商应以此为基础，根据玻利维亚公路管理局标准进行优化设计。

设计阶段（详细设计阶段）：基本无差异，均需得到业主的书面批复。

施工阶段：主要差异在于业主强制要求承包商委托第三方作为质量控制团队来监督施工过程和评价施工质量，监理只认证第三方质量控制团队的结果，非全过程参与监控。

施工设备与材料：无特殊认证要求，但需要有资质的检测单位认定、试验单位出具合格试验报告。

五、小结

玻利维亚公民维权意识高，工人经常性采取集会、游行、罢工、堵路等手段维权，此类事件导致项目工期履约压力较大。玻利维亚政府和公民对外国企业要求严苛，施工环境较为恶劣。

南美基本通用美国标准，中国标准想进入该区域，需要依托中方投融资来推进，在合同阶段即强制要求采用中国标准。

案例 11

印度尼西亚泗水—马都拉大桥项目

一、基本信息

1 项目名称

印度尼西亚泗水—马都拉大桥

2 建设地点

印度尼西亚东爪哇省

3 设计时间

2004年

4 施工单位

中国路桥工程有限责任公司、路桥集团国际建设股份有限公司

5 竣工时间

2009年6月10日

二、项目概况

印度尼西亚泗水—马都拉大桥（简称泗马大桥）项目是中国和印度尼西亚两国政府2002年签署关于在桥梁、公路等基础设施领域加强合作的谅解备忘录基础上进行的。2004年初，印尼政府将泗马大桥列入两国合作项目，经双方协商，于2004年9月24日签署了项目的施工合同。泗马大桥项目合同是以原中国路桥（集团）总公司和中国港湾建设（集团）总公司联合体名义签署的，根据两家公司达成的协议，由中国路桥全权代表中方联合体执行与业主签订的商务合同。

泗马大桥连接了印度尼西亚东爪哇岛泗水市与马都拉岛，大桥全长约5.4km，是由双向四车道、两边为摩托车道的主桥，南、北引桥，南、北堤岸桥组成的公路桥。项目业主为印尼公共工程部公路总局，该机构的主要职责是制定全国道路（包括高速公路、公路等）建设的相关法规，负责当地预算项目以及外国政府和国际组织贷款项目的管理和建设，如亚行、日本海外协力基金等国际组织和外国政府贷款的项目。

泗马大桥的设计由中交路桥技术有限公司执行完成，大桥的施工建设由中国路桥工程有限责任公司和路桥集团国际建设股份有限公司联合执行完成。中交集团成立后，项目由中国路桥工程有限责任公司管理实施。

三、本项目中国标准应用情况

印尼泗马大桥设计完全采用中国标准，并第一次成功实现了中国标准在国外桥梁建设的运用，使得该工程项目所用的主要材料和机械设备可以在国内采购、海运至工地，推动了国内建筑材料、机械设备的出口，为项目部节约成本打下良好的基础。

中国桥梁设计标准和施工规范在泗马大桥的成功应用填补了印尼特大桥规范的空白，为中国施工企业在印尼进一步发展提供了更好的机会。

印尼只有适用于中小跨径桥梁的规范，且内容简单，一般桥梁建设项目采用英国或其他国家的标准。修建大跨径桥梁尤其是跨海大桥的规范是个空白，经与印尼业主沟通，中方决定以中国标准为基础，借鉴国外标准的相关规定，并吸收大桥专题研究成果，编制泗马大桥的专用设计、施工准则，以适应当地特殊的地理环境和工程实际需要。

随着经济的蓬勃发展，中国建设了一大批桥梁，尤其是大跨径桥梁，中国桥梁建设水平已经走在了世界的前列，拥有丰富的设计、施工经验。中国公路桥梁标准的制定也随着桥梁建设事业的蓬勃发展而取得了长足的进步。当前中国的公路桥梁标准品类完备、涉及面广泛且科学实用，能够满足绝大多数桥梁设计、施工的要求。采用中国标准编制的泗马大桥设计文件、结构设计安全性通过了业主先后聘请的多家知名国际咨询公司层层审核并最终获得批复，有效证明了中国标准的科学性、合理性和实用性。

四、小结

泗马大桥将中国桥梁建设标准带进了印尼，更可贵的是它拉开了中国公路工程行业标准外文版编译工作的序幕。中国公路工程行业标准规范系统编译工作始于2009年底，由交通运输部、中国进出口银行、中国交通建设集团联合组织实施，是中国首次由政府部门组织、银行资助、企业赞助方式开展的行业标准编译工作，也是首次政府部门大规模、成系统编译的整套行业标准规范。这个项目最初的想法是解决泗马大桥建设中没有完整、系统的中国标准规范外文版的问题。虽然对方愿意采用中国标准，但是没有可供双方交流的基础文件。公路工程行业标准规范编译工作的开展彻底改变了这种局面，中国企业终于有机会将具有自主知识产权的技术输出国门，也为世界工程建设领域提供了更多解决问题的办法。

印尼主要使用的标准有美国标准、日本标准、英国标准和印尼标准。泗马大桥项目执行过程中，项目团队力推中国标准，做了大量的论证、解释说明工作，对中国标准的相关条款进行解释，对照西方规范标准进行验算，证明中国标准的适用性。泗马大桥是境外项目采用中国标准的典范，但其可复制性并不强。随着印尼工程标准体系的逐步完善，出于保护本国市场的目的，近年来印尼的工程项目均采用印尼标准。中国标准要想进一步国际化，必须结合新材料、新工艺的创新，使中国标准具有唯一性和不可替代性。

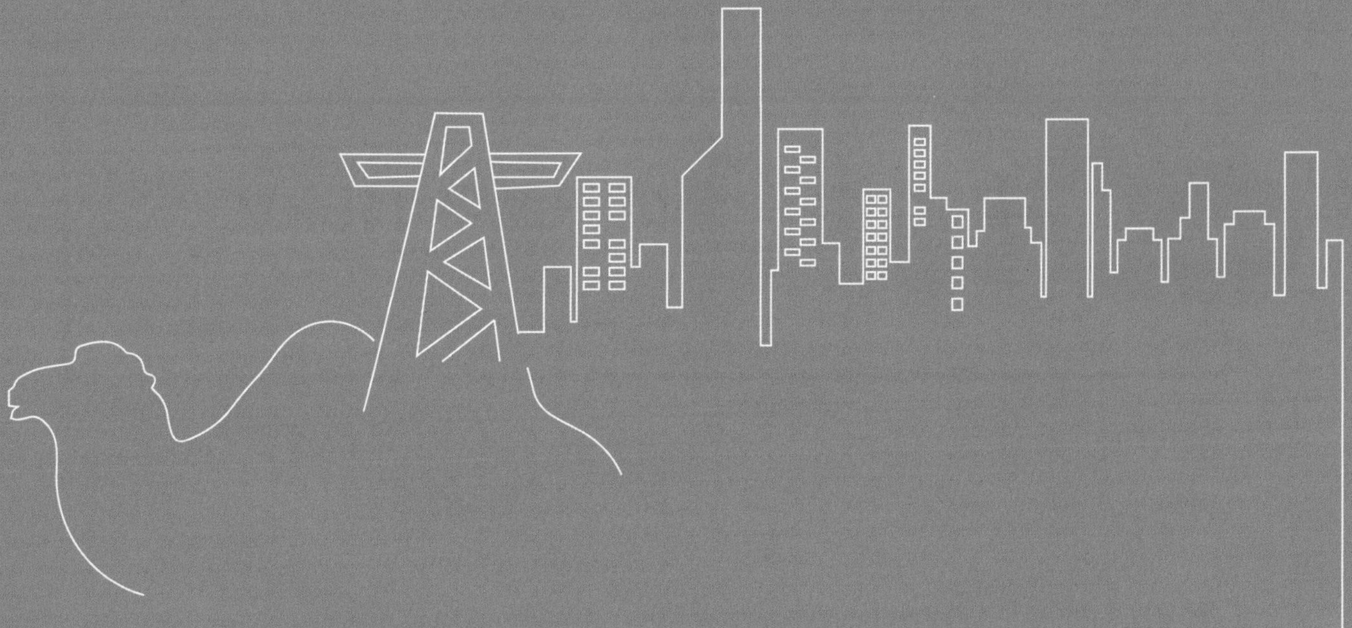

第5章 其他领域

案例 1

老挝诺顿—色诺—孟平 115kV 输变电项目

一、基本信息

1 项目名称

老挝诺顿—色诺—孟平115kV 输变电

2 项目所在地

老挝沙湾拿吉（Savannakhet）省

3 项目所在领域

电力行业

4 项目规模

中型输变电建设项目

5 项目起止时间

2014年1月15日—2016年12月29日

6 建设方

线路部分，老挝 CUC 公司；变电站部分，湖北省电力建设第一工程公司

7 设计单位

泰国 PGI 公司

8 总承包单位

中经东源进出口有限责任公司

二、项目概况

老挝诺顿—色诺—孟平115kV输变电项目被老挝政府列为急需发展的重大项目。沙湾拿吉省部分地区被列为老挝经济发展特区，该项目即位于经济发展特区内，建成后将会为区内的老挝重要工业发展（如金矿开采、铜矿开采、铁矿开采、橡胶业、制糖业等）提供可靠充足的电力，为沙湾拿吉省当地居民的用电提供可靠的保障，提高当地人民的生活水平，对促进当地商业、旅游业的发展意义十分重大。本项目的建设对老挝南部灌溉农业的发展也极为重要。

项目业主是老挝国家电力局（Electricite Du Laos）。合同金额为5446万美元，为EPC总承包模式，建设期为3年。该项目的融资模式为中国政府优惠出口买方信贷。项目的招投标形式为议标。

项目的建设内容主要分为两部分。一部分为输电线路建设，搭建115kV高压双回路输电线路，总长150km。另一部分为变电站建设，包括扩建115kV/22kV诺顿变电站、新建115kV/22kV色诺变电站和新建115kV/22kV孟平变电站。

项目于2016年12月29日完工并且一次并网通电成功，在合同执行期间未发生任何质量问题及安全事故，得到了业主的良好评价。该项目对促进中老合作、加深中老友谊具有重要意义。项目部分实景见图5-1-1、图5-1-2。

本项目不是美国绿色建筑评价标准（LEED）、英国绿色建筑评估体系（BREE-AM）、美国保险商试验所（UL）或其他双认证项目。

图5-1-1　项目高压线塔

图5-1-2　项目输电网

三、项目合同中的规定

本项目适用老挝法律。设计、设备、施工及检验均按国际电工委员会（IEC）和美国材料与试验协会（ASTM）及合同技术要求相关标准执行，铁塔材质按中国标准执行，最终以业主审批图纸及技术文件为准。材料或设备符合合同规定的技术要求和检验要求即可，无须认证。业主老挝国家电力局负责社会及环境评估并获得了老挝相关政府机构的批准。本项目在实施过程中充分注意环境保护、污染物控制等，做到了让业主和附近居民满意。为方便当地居民的交通，项目公司为当地居民建设了一座桥。同时，驻外人员组织员工收集设备包装木板等材料，用于修缮工地附近的小学。

工程移交前验收试验主要包括：铁塔试验，包括外观检查、接地电阻测试；光缆联通和衰减检验；光纤中继检验；相序检验；通电试验；线损及线路阻抗试验；变电站一次设备与二次设备联动调试；二次保护设备定值整定测试；站与站设备联动调试；变电站一次及二次设备接地电阻测试；光纤信号衰减测试；站与站通信试验。

资料移交包括：竣工图纸、试验报告、设备安装和维护手册。

备品备件移交：按合同清单要求。移交前需培训。

运行维护：不包括在该项目工作范围内。

四、本项目中国标准应用情况

本项目所在国老挝属于发展中国家，尚未建立系统的标准规范，接受国外标准。本项目铁塔材质按中国标准执行，按照中国钢材标准进行设计，并提交业主审批通过。

本项目仅钢材涉及使用中国标准，与国外相关标准的差异主要体现在化学成分、屈服强度、抗拉强度、延伸率等方面。

中国标准在本项目的采用使得铁塔原材料更易于采购，铁塔生产时间可控。本项目业主与中国公司合作较多，对中国标准比较了解，因此对中国标准非常认可。

本项目所应用的他国标准主要包括IEC标准和美国材料实验协会（ASTM）标准，例如，IEC标准：60383/60273/60305/60120/60372；ASTM标准：A123/A153/A36/A572/A394/B230/B232/B498/C31/C39/C150/D689。

五、小结

为了更好地推广中国标准，中方企业应该在项目洽谈的最前期就向业主推荐使用中国标准，并着重强调使用中国标准在质量、成本预算和时间控制上的优势，这在中国提供融资支持的项目中更容易落实。

近年来，越来越多的中国标准被国外接受和采纳，主要得益于中国先进的工业发展水平和全面可靠的标准制定，中国标准的使用对包括承包商、设计院、施工安装企业以及设备制造企业在内的中国企业都有重要意义，应进一步加强对中国标准的推广。

案例 2 伊拉克卡拉乔 6 000TPD 水泥厂项目

一、基本信息

1. 项目名称
伊拉克卡拉乔6 000TPD 水泥厂

2. 项目所在地
伊拉克埃尔比勒省卡拉乔山区

3. 项目所在领域
水泥建材

4. 项目规模
日产6 000吨熟料生产线

5. 项目起止时间
2014—2017年

6. 建设方
江苏恒远国际工程有限公司

7. 咨询单位
ADED Power Consulting Pty Ltd

8. 设计单位
湖南省建筑材料设计研究院

9. 总承包单位
中国机械设备工程股份有限公司

二、项目概况

该项目为一新建日产6 000t熟料的水泥干法生产线，其主要流程包括石灰石破碎、生料粉磨、熟料烧成、水泥研磨、水泥包装等。该项目为交钥匙工程，合同工期从开工之日起24个月，质保期12个月。

本项目位于伊拉克北部库尔德地区的埃尔比勒省，厂址位于埃尔比勒省的卡拉乔（Qarachog），与石灰石矿山的距离约1.3km，周边5km范围内没有任何建筑。厂区供电为国家电网供电，业主负责打井提供地下水。项目效果见图5-2-1。

图5-2-1　伊拉克卡拉乔6 000TPD水泥厂效果图

该项目业主为伊拉克的卡尔工程总承包、咨询、电力承包有限公司（Kar Company for General Contracting, Engineering, Consultancy and Electrical and Mechanical Contracting Ltd），该公司建立于1999年，是库尔德地区排名前三的集团公司，其业务范围涵盖石油、天然气、房地产等，并提供工程设计、施工、建设、安装等各项服务，资金实力雄厚。该业主公司注册地及主要办事机构均在伊拉克北部的库尔德地区埃尔比勒省。该地区政局稳定，无敏感或受制裁问题。该公司是一家私营企业，其组织形式为有限责任公司。

业主通过伊拉克贸易银行（Trade Bank of Iraq，TBI）开立100%的不可撤销合同金额，可由迪拜渣打银行保兑的延期支付信用证支付。

伊拉克卡拉乔水泥厂是埃尔比勒省第一座干法水泥生产线，水泥产量最高可达7 200t/d，卡拉乔水泥厂的顺利投产缓解了伊拉克水泥供应量不足的问题。

卡拉乔水泥厂按照中国标准设计和建造，项目投产后，水泥产品28天抗压强度可达48~50MPa，远高于合同约定的42.5MPa，为业主顺利打开销路赢得了良好的声誉，同时为伊拉克建设高层建筑提供了可靠的材料保障。

项目投产前埃尔比勒省42.5MPa水泥价格约为100美元/吨，项目投产后水泥供应不足的问题得到了缓解，水泥价格逐渐降低至60~70美元/吨。项目质保期内卡拉乔水泥厂生产水泥达200万吨以上，对伊拉克的战后重建具有重要意义。

三、项目合同中的规定

承包商应遵守伊拉克所有全国性（或省的）法律、条例、法令和其他法规，以及任何在伊拉克合法建立的公共当局制定的规则和细则等。

在合同执行期间，承包商应自行承担保险费用，按规定提供为全部设备和材料投保的建筑商保险、第三者责任保险和海运货运保险，并按规定期限保持保险合同效力。工程开工前，承包商应购买并生效保险，保单保险限额不低于表5-2-1所列美元金额或等价换算成其他币种的金额。承包商的责任免赔额见表5-2-2。

表5-2-1　承包商需购买并生效的保险

保险险种	保单保险限额
建筑工程一切险	工程总价的100%
施工机具设备保险	重置价值
法律要求的工人补偿保险	意外身故及残疾200 000美元/人
第三者责任险	事故（含人身伤害和财产损失）每次及累计赔偿限额：10 000 000美元
机动车辆第三者责任险	乘客及财产损失990 000美元
海洋货物运输保险	货物 CIF 价格的110%

表5-2-2　承包商的责任免赔额

承包商工程保险	免赔额
风暴、暴雨、地震、洪水、水害、沉降或塌陷造成的损害	每次事故2 000美元
测试、调试和保修期间的设计、材料、施工工艺缺陷	每次事故5 000美元
其他	每次事故500美元
第三者责任	财产损失每次事故2 000美元

承包商应采取一切必要措施保护环境，限制由其施工作业引起的污染、噪声等对公众和财产造成的损害和妨害。承包商应确保因其活动产生的气体排放、地面排水及排污等不超过适用法律规定的数值。合同对水泥生产过程中的电耗、热耗及粉尘排放量作了明确的规定：一是电耗指标：每生产1t水泥熟料，全厂的综合电耗不得超过96kW·h；二是热耗指标：每生产1kg水泥熟料，全厂的热耗不得超过760kcal；三是粉尘排放指标：水泥厂区内粉尘排放量不得超过30mg/Nm^3。

承包商应建立质量保证体系，以证实符合合同要求。该体系应符合合同的详细规定，业主有权对体系的任何方面进行审查。承包商应在每一设计和实施阶段开始前，向业主提交所有程序和如何贯彻要求的文件细节供其参考。向业主发送任何技术性文件时，文件本身应有经承包商本人事先批准的明显证据。承包商应遵守质量保证体系，不应解除合同规定的承包商的任何职责、义务和责任。

承包商应遵守所有适用的安全规则，照料在现场的所有人员的安全，努力保持现场和工程没有不必要的障碍物，以避免对人员造成伤害。在工程竣工和按照业主的接收规定移交前，提供围栏、照明及实施工程可能需要的现场界线内的任何临时工程（包括道路、人行路、围栏）。应按合同对生产线的产能、热耗、电耗、粉尘排放四个主要指标进行验收，如未达到相关指标，承包商需要向业主支付违约赔偿金。

四、本项目中外标准的差异

（1）勘察阶段差异：根据中国勘察惯例，相关队伍进行地质勘察后，需要对项目现场的地质条件进行客观的描述，同时地质勘察报告需要对地基处理方法给出专业性的建议。根据伊拉克勘察惯例，相关队伍进行地质勘察后，仅对项目现场的地质条件进行客观的描述，同时地质勘察报告中并不涉及任何地基处理的专业性建议。

（2）项目运行维护阶段差异：中国与伊拉克对水泥的抗压强度要求具有明显差异。

根据中国标准，水泥的抗压强度分为3天强度和28天强度。随着中国城市化进展，多层及高层建筑的比例不断提高，根据中国惯例，水泥需求方更关注水泥的28天强度。中国标准对水泥抗压强度的规定见表5-2-3。

表5-2-3 《通用硅酸盐水泥标准》(GB 175-2007)对水泥抗压强度的规定

品种		3天抗压强度(MPa)	28天抗压强度(MPa)
硅酸盐水泥	42.5	≥17.0	≥42.5
	42.5R	≥22.0	
普通硅酸盐水泥	42.5	≥17.0	≥42.5
	42.5R	≥22.0	

伊拉克市场更加认可欧洲标准，将水泥的抗压强度分为2天强度和28天强度。水泥需求方更关注水泥的2天强度。欧洲标准对水泥抗压强度的规定见表5-2-4。

表5-2-4 欧洲标准BS EN197-1：2011对水泥抗压强度的规定

强度等级	2天抗压强度(MPa)	28天抗压强度(MPa)
42.5N	≥10.0	≥42.5
42.5R	≥20.0	

中方项目团队对伊拉克市场进行了详细的调研。伊拉克夏季气候比较炎热，居民对住房的隔热条件要求较高，当地居民的住房多采用隔热水泥砖。伊拉克60%以上水泥需求方为砖厂，采购水泥用于生产水泥隔热砖，砖厂更加关注水泥的早期强度，水泥的早期强度越高，砖达到出厂条件所需的时间越短，有利于砖厂尽可能缩短生产周期。伊拉克客户对水泥抗压强度的要求见表5-2-5。

表5-2-5 伊拉克客户对水泥抗压强度要求

强度等级	2天抗压强度(MPa)	28天抗压强度(MPa)
42.5N	≥24.0	≥42.5
42.5R	≥26.0	

中国多层及高层建筑的比例不断提高，对水泥早期强度的要求并不高，满足国家标准要求即可。同时有些大体积混凝土浇筑时，还要对来料水泥的早期强度进行限制，太高的早期强度会在前期产生大量水化热，不利于大体积混凝土的浇筑和保养。

伊拉克当地民用建筑多为单层或2层的低层建筑，高层建筑的比例不高，且多采用水泥砖砌筑，不存在因水化热问题而限制2天强度的问题。

五、小结

目前，伊拉克对水泥建材领域采用国外标准没有明文规定。该项目的设计及建造采用中国标准。在水泥建材领域，目前中国标准领先欧美标准，国外客户认可中国标准和认证，伊拉克认可中国标准，但中方在细节方面经常需要与业主进行沟通。

国外客户及项目接触到的技术人员对中国标准的认知度较低，仅知道中国有强制性国家标准和推荐性国家标准。解决具体问题时，国外客户可以找到欧洲标准或者美国标准作为指导。根据伊拉克卡拉乔水泥厂项目经验，中国标准的有效传播者有两个群体：

第一个群体是在海外项目工作的中国工程师。在项目的某一技术问题产生争议时，业主或者业主工程师对中国标准采用的计算方法、材料性能及指标、试验方法、施工工艺等可能存在顾虑，在海外项目的中国工程师对中国标准的熟悉度高，也掌握中外标准比对分析数据，可以更有效说服业主采用中国标准。

第二个群体是有中国留学经验的项目所在国工程师。他们具有中国留学背景，对中国的了解比较深入，对中国标准的接受度比较高。由这些人向当地工程师解释计算方法、材料性能及指标、试验方法、施工工艺时，当地工程师的接受程度会比较高。

案例 3 斯里兰卡普塔拉姆 3×300MW 燃煤电站项目

一、基本信息

1. 项目名称

斯里兰卡普塔拉姆3×300MW 燃煤电站

2. 项目所在地

斯里兰卡

3. 项目所在领域

火电项目

4. 项目规模

3×300MW

5. 项目起止时间

项目分两期建设，一期1×300MW电站，2007年7月—2011年7月；二期2×300MW电站，2010年5月—2014年11月

6. 结构类型

建筑主体结构为钢筋混凝土结构，锅炉厂房为整体钢结构，钢筋混凝土基础，墙体结构

7. 建设方

斯里兰卡电力局（Ceylon Electricity Board，CEB）

8. 咨询单位

瑞士贝利咨询公司Poyry

9. 设计单位

中国电力工程顾问集团西北电力设计院有限公司

10. 总承包单位

中国机械设备工程股份有限公司

二、项目概况

普塔拉姆电站项目位于斯里兰卡西北部沿海卡尔皮提亚半岛上，距首都科伦坡130公里，紧邻海岸线。本电站项目容量为3×300MW，分两期建设。本项目借款方为斯里兰卡财政部，项目业主方为斯里兰卡电力局，业主咨询方为瑞士Poyry公司，中方公司为EPC总承包方。

一期工程为1×300MW电站及附属设施，项目金额为4.55亿美元，2007年7月开工，2011年7月完工投入商业运行。二期工程为2×300MW电站及附属设施，合同金额为8.91亿美元，2010年5月开工，2014年11月完工投入商业运行。

本项目不是美国绿色建筑评价标准（LEED）、英国绿色建筑评估体系（BREE-AM）、美国保险商试验所（UL）或其他双认证项目。

项目建成后，该燃煤电站成为斯里兰卡最大的电力生产基地，电价下调25%。配套输变电线路的建设将保证电网的电力供应更加稳定，该电站项目的投运将为斯里兰卡经济发展打下良好的基础。

三、项目合同中的规定

本项目设计、建设、验收等均按照技术合同中所列规定，采用中国标准或同等采用国际认可的标准。环保和消防等方面必须严格遵守斯里兰卡的国家标准或法律法规。

本项目认可中国认证，同时部分设备材料或其中零部件的设计、材料采购、制造和试验等还要求满足如下国际标准组织的标准（或同等的中国标准）：

国际标准化组织（ISO）标准；

美国机械工程师协会（ASME）标准；

美国国家标准协会（ANSI）标准；

美国材料与试验协会（ASTM）标准；

热交换协会（HEI）标准；

德国标准（DIN）；

国际电工委员会（IEC）标准；

美国国家消防协会（NFPA）标准；

美国采暖、制冷、空调工程师协会（ASHRAE）标准。

施工环保要求现场各分包方必须采取一切必要措施控制环境污染，尽量降低工程给环境带来的任何负面影响，在执行工程时必须遵守斯里兰卡政府和当地机构所规定的环境准则和标准。鉴于一部分现场施工的地点在沿海地区，因此也必须同时遵守斯里兰卡海岸保护机构（CCD）的相关规定。合同要求施工时应遵守斯里兰卡现有适用的关于环境方面的法律和规定。同时承包商也要遵循环境影响评估报告（EIA）里阐述的条件和要求。

合同要求现场施工方必须对施工现场环境（噪声、粉尘、废气、废液、废水、光污染）进行控制。为避免施工区和邻近区的环境受到不良影响，对机组吹管采取加装消音器的措施；对粉状类材料采取用密封容器或不渗漏袋装的措施。废气、废液、废水采取设置沉淀池、不渗漏容器盛放等处理措施。临近住宿或靠近生活设施的施工照明加装灯罩，防止照明产生光污染。在施工阶段，要求在灰尘源上喷水以降低灰尘的发散。要定期清扫施工现场内的道路，以清除路面上累积的各种物料颗粒。同时也必须定期清洗运输车辆的表面。施工方必须保证对汽油和柴油驱动的施工机具进行适当的维护，以尽量降低其排气中的含烟量。机具维修地点应选在机油意外渗漏时不会污染地下水的地方。严禁任意倾倒废油。为了防止污染土壤和地下水，应现场收集并恰当处理施工过程中所产生的所有固体废物。应将易燃废弃物，如不可再用的木材、有机物质和其他易燃材料选择一片开阔地烧弃，并聘用当地废物处理分包商妥善处置废弃物。

本项目要求确定并执行符合“ISO 9001质量体系—设计/开发、生产、安装和运行方面的质量保证模型”或者其他国际认可和接受的质量保证标准的要求，项目需通过当地环评项目部门认可的环境影响评估报告（EIA）。

合同约定按照中国标准进行验收，并满足业主方对使用功能的要求。项目移交后，总承包方提供技术培训及两年的质保服务。

四、本项目中国标准应用情况

本项目由中国进出口银行提供优惠买方信贷。本项目设计、建设、验收等均按照技术合同中所列规定，采用中国标准或同等采用国际认可的标准。

项目采用中国标准的方式为由中方提供相关图纸英文版，与业主等多方一起会审图纸，报业主审查批准。施工过程中，中方委派专业监理工程师、业主方委派专业咨询工程师对项目施工全过程进行监督和检查。

对于消防等必须执行当地强制标准的环节，应按照当地标准和习惯设计施工，并按当地标准验收，取得书面验收文件。

本项目使用的中国标准和国外相关标准的差异主要有：中国电力设计院土建图纸无工程量清单，尚未与国际接轨，不利于属地化管理，不利于国际化资源的利用。中国电力设计院的管道仪表流程图深度不足，也没有与国际接轨，不利于图纸的审批。

中国电力设计院的电气/热工图纸中的设备控制逻辑、功能控制图、接线回路图、安装详图、设置点列表等内容与国外有较大差距。中国燃煤电站环保排放标准优于世行标准。

斯里兰卡是英联邦国家，基建市场和设备进口长期与英、美、日等国合作，对于英美标准和国际标准有着较深的理解，对中国标准的认知度则不高。

勘察设计阶段：尽管合同要求按照中国规范设计，但需要充分考虑当地的使用习惯和气候特点。本项目所在地位于海岸线附近，受海风侵蚀严重，盐雾沉积腐蚀性强，雨季雨量大台风多，因此需要重点考虑材料特别是钢结构材料的防腐防盐雾性能及屋面排水等问题。在按照中国标准建设的同时，也要考虑当地标准的实践要求，例如钢筋混凝土保护层厚度的定义，大跨度混凝土结构的一次浇筑高度，消防设计的当地消防局审核，对外水电接口、插座等末端必须为当地制式，以及风压参数的选择等。

施工与验收阶段：施工过程中需要充分考虑到当地“人材机”的匮乏，在“人材机”基本依靠进口的前提下，需要充分考虑材料的运输时间、施工方案在当地的可行性和劳动力的保证。材料从他国进口基本需要1个月甚至更长的运输时间，从中国运往斯里兰卡需要1.5个月。当地工人基本以力工为主，缺乏技术工人，技术工人以中国工人为主。

斯里兰卡风季和雨季交替。雨季往往骤风骤雨，对施工工期、施工安全、施工质量，特别是本项目是大开挖基础，降水会对工程有很大影响。在进行大方量的浇筑工作时要确保工期合理，措施到位，尽量避免在雨季进行地基基础等受降雨影响较大的施工。风季施工条件较雨季好，但也要合理安排，避免在大风天气进行钢结构吊装等高空作业，同时要做好合理的台风紧急预案。

竣工验收：移交前需要对当地业主进行相关培训。该项工作与中国最大的区别是，所有培训需要以英文进行沟通，考虑到当地人员的基础储备知识水平较低，中方大幅度降低了培训难度，培训次数则较合同要求增加了很多，但最终的培训效果并不理想。此外，由于是国外项目，无论是设备显示还是移交资料均要求使用英文，但实际上一部分设备从出厂时就未设置英文显示。

实践证明，中国的设计及工程标准是不低于国际标准的，甚至在某些方面还要高于国际标准要求，但中国标准没有对应的官方英文出版物，且中国一些著名生产厂家虽然有比肩国际知名品牌的产品质量，但使用说明、安装指导、运维手册等英文文件质量尚待提升。为此，项目执行中，在说服业主认识、接收中国标准的过程中，中方企业投入了较多人力物力。

在建设施工过程中，中方企业根据合同按照中国标准严格施工，积极地与业主和咨询公司进行交流沟通，用事实说话，使得业主和咨询公司开始逐渐认识、接受了中国标准。中方给业主提供各种培训，如理论培训、来中国电站实地培训等，让其学习、认识并接受中国标准。随着本项目一期建设的开展，二期合同谈判时斯方已完全同意采用中国标准，项目真正实现了推动中国标准走出中国走向世界的目的。

作为中国企业，采用中国标准可以降低项目投标报价，并在项目执行中更好地进行成本、进度、质量等各方面控制，更有利于项目完成，实现盈利。但由于海外业主方和咨询工程师对中国标准不熟悉，中方需要投入更多资源与业主方进行沟通、解释，通过培训、实地考察等多种形式让业主认识中国标准，并最终凭借过硬的质量，让业主认可和接受中国标准。

本项目中，斯方接受中国认证作为衡量品质保证条件。斯方和业主咨询方瑞士POYRY公司，对中国标准的认可和接受经历了一个较长的过程。在项目初期，中方人员经常就中国标准问题、结合同等国际标准及项目案例等，给业主讲解中国标准和同等国际标准的异同、中国标准在同类项目的应用等，做到充分沟通，最终让其接受中国标准，并在后续项目中完全接受中国标准。

本项目得到了斯方的高度认可。2011年2月4日斯里兰卡“独立日”当天，斯里兰卡中央银行发行了以“发展、繁荣、斯里兰卡舞者”为主题的系列新版纸币，其中100卢比新钞正面印有“普塔拉姆燃煤电站（3×300MW）”的设计鸟瞰图，斯里兰卡人民将其称为“维多利亚之光（Lakvijaya）”。

五、小结

斯里兰卡是英联邦国家，基建市场和设备进口长期与英、美、日等国合作，对英美标准和国际标准有着较深的理解。在中国提供资金项目中多采用中国标准。本项目是斯里兰卡第一个燃煤电站，无相关标准文件。

在项目进程中，中方需执行斯里兰卡消防相关法律法规，遵守当地的税法、劳动法。鉴于本项目为免税项目，当地征税对本项目无影响。当地劳动法与中国差异不大，需为雇佣当地劳工缴纳各种社会保险。斯里兰卡为佛教国家，佛教节日较多，假期较多，这是聘用当地员工、安排其工作时需要考虑的。

在斯里兰卡，不同性质项目类型采用和接受中国标准情况不同：经济援助类项目可以通过在合同中约定采用中国标准实施，基本可全部采用中国标准；“两优”或其他政策性银行和商业银行提供优惠贷款项目可大部分采用中国标准；国际招标类项目一般要求国际标准而非中国标准；中国投资项目，可以通过合同要求全部采用中国标准。没有成体系的中国标准外文版、设计习惯存在差异、设备手册和运维手册等英文文件粗糙等原因都对业主接受中国标准造成困难，需要政府和企业共同努力。

具体建议如下。

（一）加快中国标准的官方英文翻译进程

斯里兰卡作为“一带一路”沿线国家，在其建设发展中，引入中国标准是可行的。斯方接受中国标准的前提是我国应发布针对各个使用方的官方翻译版本，使其认识到中国标准并不低于国际标准。

（二）提高企业和检测机构对中国标准的执行力度

中国标准被国际认可的障碍并非是缺乏标准，而是标准的执行不到位。各企业相应的工艺水平、标准的执行态度和各地方质监局的执法能力等都需要提高。一旦引入中国标准，在“强制性标准必须严格执行，推荐性标准自愿采用”的总原则下，企业对于强制性标准必须按照《实施工程建设强制性标准监督规定》的规定执行，不仅工程建设全过程要执行，而且与之相配套的导则、指南、手册、计算机软件也应当执行，并向相关国际惯例靠近。

（三）建立快速反应的国标立项机制和文本修订制度

中国国家标准的制定和修订一直是有序进行的，今后要建立快速跟踪、同步制定的标准立项机制，缩短标准制定的周期，以保证急需的、短周期的等同采用标准能与国际标准同步。此外国际电工委员会（IEC）和国际标准化组织（ISO）标准日常就有大量的修订，并且经常根据社会发展需要增加修订，中国标准文本也应增加这一层次的出版物，及时发布标准的修订。

案例 4 埃塞俄比亚特克泽（Tekeze）水电站项目

一、基本信息

1 项目名称

埃塞俄比亚特克泽（Tekeze）水电站

2 项目所在地

埃塞俄比亚提格雷州

3 项目所在领域

水电项目

4 项目规模

大（1）型水电项目

5 项目起止时间

2002年8月12日—2009年8月15日

6 建设方

埃塞俄比亚国家电力公司（EEOCO）

7 设计单位

美国哈扎国际工程咨询公司（HARZA）

8 总承包单位

中国水利水电建设集团公司、中国葛洲坝集团有限公司、埃塞俄比亚SUR建筑公司三方组成的CWGS联营体

二、项目合同中的规定

特克泽水电站标准和规范使用要求为：除非另有规定，否则所有的装置、材料及工艺都必须符合国际标准化组织（ISO）的标准或国际电工委员会（IEC）的要求。如果没有适用的ISO或IEC标准或建议，则这些装置、材料及工艺必须符合美国材料与试验协会（ASTM）标准或英国标准（BS），或其他获得批准认可的等同材料标准。如这些标准与埃塞俄比亚的规范发生冲突，应优先采用埃塞俄比亚权威机构制定的规范。

工程应按照规范中指定的标准进行施工和检验。在列出上述标准的地方，应理解为所用标准是投标人提交投标时的最新版本或修订本。其他标准，如果事先获得业主工程师的批准，可以作为替代标准。如果其他标准使用的是非英语语言，承包商应自费提供其拟用标准的英文译文，并将其提交业主工程师批准。

尽管在施工工艺中，材料和设备的选择以美国和英国标准为参考，但如果其他国家的标准和规范以及国际标准化机构所推荐的标准和规范与指定的标准等同，亦可接受。但是，承包商应将其准备使用的标准和详细的规范提交业主工程师批准。如果参照标准与规范要求相抵触，以后者为准。所有适用的参照标准皆由承包商提供。现场应存有所适用的标准。

三、本项目中国标准应用情况

（一）试验

特克泽水电站工程lot 1B/2/3标段合同约定技术标准为英国标准（BS）及美国标准（ASTM），由于当时中方企业对国外标准缺乏系统的理解和掌握，投标履约时收集标准不全面，在项目建设初期，实验室的设备和仪器是按照中国标准采购的，这对项目初期的实施造成了不利影响。例如，项目初期试验室采购了大批中国标准筛，技术标准的差异导致试验结果不一致，工程师们开始以为是工艺的问题，后来发现是仪器和设备的差异造成的，试验室重新采购了符合BS标准的标准筛，才解决了骨料试验问题。

当地的特克泽水泥厂生产的硅酸盐水泥不具备浇筑拱坝的条件，于是中方对波特兰水泥取样在中国做了试验，试验结果表明水泥早期强度高，水化反应快，水化热值超标，7天的水化热是404J/g，但招标文件上标明水泥水化热275J/g，相差很大，对大体积混凝土温控和抗裂极为不利。业主工程师不同意直接使用硅酸盐水泥，经过协商确定的方案是掺加粉煤灰，费用由承包商承担，后来在麦克雷找到了火山灰，最终在硅酸盐水泥熟料中加了25%的火山灰，生产出火山灰硅酸盐水泥。经过通力合作，埃塞俄比亚境内的水泥厂生产出稳定合格的大坝火山灰水泥，缩短了采购运输周期，降低了水泥的成本，加快了施工进度。由于掺加火山灰有效解决了水泥水化热问题从而降低了混凝土内部的水化热，坝体冷却的费用也随之降低。

（二）混凝土施工

1．混凝土施工分层、间歇期及高差控制

中国外拱坝混凝土施工分层、间歇期及高差控制与国外标准的要求不同，最主要的差异为大坝混凝土施工分层。特克泽水电站技术要求规定大坝混凝土按2.5m分层，中国通常按3m分层浇筑，但现场配置的模板大多为3m×3.3m的多卡钢模。如采用2.5m分层浇筑，出现的问题主要为施工速度慢、配备的模板不能充分利用、备仓时间长、缝面处理工程量增多，最终间接造成施工成本的增加。

为了解决大坝混凝土施工分层问题，项目部通过给业主提交中国类似工程实例进行说明，重点说明调整分层带来的优越性，并表明承包商有能力保证坝体混凝土的冷却问题。除此之外，承包商还组织业主和业主工程师观摩团到中国在建工程现场进行观摩，最终征得了业主和业主工程师的同意，大坝混凝土可按照3m分层进行浇筑。调整混凝土施工分层减少了资源的浪费，节省了时间，加快了现场的施工进度，保证了合同节点工期的提前实现。

2．中国外拱坝混凝土温度控制差异

中国外拱坝混凝土温度控制相比国外控制标准更高。为了防止大坝产生温度裂缝，特克泽水电站主要通过优化配合比、降低混凝土出机口温度、混凝土快速入仓、加大养护和对混凝土进行通水冷却等措施控制大坝混凝土温度。

大坝混凝土开始浇筑后，项目部技术人员发现即使按照大坝混凝土通水冷却技术要求执行，也很难达到控制的温度指标。通过认真分析，并结合项目部自开工以来所测的水温和气温资料，技术人员发现周边环境温度远高于招标文件中描述的温度，这一因素很可能是造成坝体混凝土温度居高不下的原因。如坚持原温控指标，将造成出机口混凝土温度控制措施投入加大，且混凝土通水冷却时间延长，进一步造成施工投入加大，成本增加。

为此，项目部联系中国设计院建立仿真模型进行温度控制计算，最终通过设计院模拟计算和征求中国知名专家的意见，依据实测资料向业主工程师提出了接缝灌浆时将混

凝土温度由15℃提高到25℃的建议。采用调整后的温控指标，大幅降低了现场的温控费用，同时给项目部带来了较好的经济效益。最重要的是通过调整冷却温度指标，获得了理想的效果，大坝没有出现渗水点和裂缝。2011年大坝达到最大蓄水位后，经检查，大坝所有观测设备运行正常，检测数据均在安全范围内，坝体未发现渗水点。

（三）灌浆工程

1．灌浆设备的选用

根据特克泽水电站钻孔与灌浆工程技术规范要求，灌浆设备需选用单缸往复式注浆机，但施工前承包商选用了中国较为先进的三缸往复式注浆机，因设备选型不一致，导致现场灌浆作业一度停滞。项目部从中国采购了一台单缸往复式注浆机，征得业主工程师同意后，现场进行了单缸和三缸注浆设备生产性试验。根据最终的灌浆结果对比，三缸注浆设备灌浆效果更好，且性能稳定可靠，得到了监理的肯定，随后三缸注浆设备广泛应用于特克泽水电站灌浆工程中。

2．拔管灌浆技术应用

为了保质保量完成大坝横缝接缝灌浆，承包商建议业主工程师优化灌浆设计，采用中国目前较为先进的“拔管灌浆”进行横缝灌浆，但此方法因与合同和图纸不相符而遭到业主工程师的质疑，未能通过审批。

因采用的标准不同，中国很多先进的技术在国外不能得到推广，反而被排斥。为了解决此问题，项目部在坝前按照大坝原模型浇筑了两个试验块，最终通过灌浆结果进行对比分析，证明采用拔管灌浆技术质量更有保证，并获得业主工程师的肯定和批准，确保了接缝灌浆的顺利实施。

3．灌浆强度值（GIN）灌浆法

Tekeze水电站基础帷幕灌浆过程中，根据本项目咨询公司美国HARZA公司工程师要求，需采用GIN灌浆法施工，GIN灌浆法是在欧美流行的一种灌浆方法，该方法在中国水电站应用较少。中国深孔帷幕灌浆采用孔口封闭法、自上而下分段孔内循环灌浆；搭接帷幕灌浆采用自上而下分段孔内循环灌浆法。承包商更倾向于采用中国的灌浆方法，但业主工程师坚持采用GIN灌浆法施工。

国际上的工程咨询公司及工程师对中国的水电企业缺乏了解，甚至持怀疑态度，尤其在专业技术的使用上与中方存在较大的分歧。为了解决Tekeze水电站基础帷幕灌浆工艺问题，中方项目部一方面加强与业主工程师的沟通，另一方面通过认真研究美国标准（ASTM）和欧洲标准（EN），请欧美灌浆专家培训讲解，并通过学习大量英文资料，达

到了解、认识和应用国外标准的目的，以更好地指导灌浆施工。同时，项目部针对非洲Tekeze水电站独特的地理位置，积极响应美国HARZA咨询公司的要求，通过大量的室内试验与生产性试验，总结出GIN灌浆法在Tekeze水电站中的主要施工工艺、灌浆参数等。

最终的试验研究结果表明，GIN法灌浆与传统灌浆工艺相比是一种节省材料、简化工艺的灌浆方法，该方法可提高工效并使基础或幕体均匀致密且耐久，节约成本，而且更适用于计算机自动监控灌浆过程，减少了人为因素影响，提高了灌浆质量。

本项目未采用中国标准，但通过承包方与监理的沟通，部分施工方案采用了中国标准。如特克泽水电站工程最终按照中国标准进行温度控制，先采用河水通水冷却，再用10℃冷水通水冷却，控制降温速度，保证通水冷却降温速率每天不超过1℃。

四、小结

工程技术标准是指导工程建设项目实施的基本准则，提高国际工程技术标准应用水平，可提高中国承包商在国际市场的竞争力。中国企业应进一步提高对技术标准重要性的认识，树立标准优先战略意识，将国际技术标准研究工作纳入组织机构设置。加大投入，组织专业团队进一步了解国际技术标准体系结构、特点和发展方向，研究中国与国外标准的差异，对参与国际项目施工的技术管理人员及其他管理人员进行培训，全面提升对国际工程技术标准的应用能力。

目前中国进入的市场大多为亚、非不发达或发展中国家，这些国家大多没有自己完善的工程标准，一般均要求按国际常用的英、美、德等国家标准及惯例进行设计、施工及工程计量支付。因此熟悉国际标准对中方在国际工程投标报价、项目实施、变更索赔等方面均有重要指导意义。由于语言、文化背景的差异，中方管理团队与国外工程师沟通的障碍较多，除了过语言关，还要熟悉国外的技术标准，了解国外工程师对工程的管理思路、设计理念，同时还应向外国工程师灌输中国的技术标准，才能争取更有力的施工条件。

中方管理团队在分析国际技术标准要求、标准执行、检查与纠偏以及总结标准应用方面还需要大力提升。国外工程项目因环境条件不同，工程的边界限制条件较多，中国企业应加强技术管理，在实际应用过程中学习国外技术标准管理的成熟经验，还应根据不同的工程特点进行分析和总结，提高国际技术标准的管理水平。本项目管理团队针对国内外技术标准的差异采取了如下措施：

第一，从项目组织机构入手，建立健全与国外工程师管理机构相对应的项目管理框架，形成便于横向联系和沟通的工作渠道。

第二，聘请国外合同和技术工程师对中方项目部进行相关培训，以了解国际工程规范的特点、使用方法及与中国规范的不同和差别，寻求规范中的共同点，统一与业主工程师的认识。

第三，通过必要的现场试验验证中国规范的科学性，通过获得的试验数据使业主工程师认可中国规范的标准和中国进口设备，改变其一味按照欧美标准执行的习惯。

第四，加强项目部各级部门国际工程观念的转变，形成一整套与之相对应的程序化管理模式，加强中国进口设备和材料的支持性文件、证书、产品合格证、操作手册等资料的管理，形成符合国际工程材料和设备管理的文件体系。

第五，加大人才引进，并启用受欧美教育的当地工程师，促进与业主工程师的沟通与合作，提高工作效率。

第六，加强与业主工程师和业主的交流与合作，积极寻求业主工程师的技术支持和理解，寻求业主的肯定，通过交流促使业主工程师和业主进一步了解中国标准的特点，加强其对中国标准的认同，有效解决工程中出现的实际问题。

第七，加强项目部自身施工程序控制，严格执行安全、质量管理制度和规章，实行从原材料、试验数据检验、技术支持、自检、质量点专人控制到事后质量分析等全过程控制的管理方式，树立自身形象，维护良好声誉。

项目部通过上述措施，逐步消除了业主工程师对中国标准和中国施工方式的偏见，增进了项目部与业主和业主工程师的相互理解与信任，工程建设逐年加快，工程质量也稳步提升，为项目的顺利实施创造了条件。